《사이언스툰 과학 일력 365》는
오늘날의 과학 세계를 이루는 무궁무진하고 다채로운 주제어를
하루 하나씩 소개하는 만년 일력입니다.
과학사의 한 귀퉁이에 자신의 이름을 아로새긴 과학자들,
인류의 사고를 확장시키고 새로운 지평을 열어준 사건들,
문명의 도약을 이루고 혁신을 일으킨 발견과 발명,
과학 세계를 촘촘히 연결해 주는 지식까지….
매일매일 여러분 곁의 한 페이지를 통해
과학을 일상으로 데려오고, 일상을 과학으로 채워보세요.
《사이언스툰 과학 일력 365》와 한 해를 함께하기로 결심한
여러분의 나날이 언제나 새로운 질문과 탐구심으로
가득하길 바랍니다.

사이언스툰 과학 일력 365

1판 1쇄 발행일 2023년 11월 27일

지은이 김재훈

발행인 김학원
발행처 (주)휴머니스트출판그룹
출판등록 제313-2007-000007호(2007년 1월 5일)
주소 (03991) 서울시 마포구 동교로23길 76(연남동)
전화 02-335-4422 **팩스** 02-334-3427
저자·독자 서비스 humanist@humanistbooks.com
홈페이지 www.humanistbooks.com
유튜브 youtube.com/user/humanistma **포스트** post.naver.com/hmcv
페이스북 facebook.com/hmcv2001 **인스타그램** @humanist_insta

편집주간 황서현 **편집** 박나영 최인영 신영숙 이영란 **디자인** 박인규
용지 화인페이퍼 **인쇄** 삼조인쇄 **제본** 다인바인텍

사진 출처 Photo Elysée·미국의회도서관·미국항공우주국(NASA)·셔터스톡·알코어생명연
장재단(Alcor Life Extension Foundation)·위키미디어 커먼즈·유럽남방천문대(ESO)·유
럽우주국(ESA)·케임브리지 대학·한국항공우주연구원

ⓒ 김재훈·휴머니스트편집부, 2023

ISBN 979-11-7087-073-9 03400

- 이 책은 저작권법에 따라 보호받는 저작물이므로 무단 전재와 무단 복제를 금합니다.
- 이 책의 전부 또는 일부를 이용하려면 반드시 저자와 (주)휴머니스트출판그룹의 동의를 받아야 합니다.

카테고리

과학자   오늘 태어난 과학자를 소개합니다.

사건   오늘 일어난 과학 사건을 소개합니다.

발견·발명   오늘 있었던 새로운 발견과 발명을 소개합니다.

지식   하루를 함께할 과학 지식을 소개합니다.

연관 날짜

함께 알아두면 좋은
주제어로 이동해 보세요.

◯ 오늘의 지식

⇨ 01. 27 ◯

01. 21

주제어 ┄┄┄┄ ◯ **원자구조**

Atomic Structure

원자는 모든 물질의 기본 단위입니다. 하지만 원자는 더 작은 입자 ◯
들로 이루어져 있답니다. 원자의 중심부에 중성자와 양성자가 결합
한 원자핵이 있고, 그 주변을 전자가 둘러싸고 있지요.

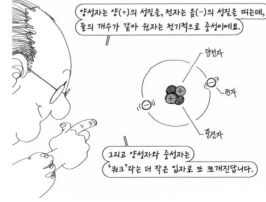

양성자는 양(+)의 성질을, 전자는 음(-)의 성질을 띠는데,
둘의 개수가 같아 원자는 전기적으로 중성이에요.

주제어 설명

사이언스툰과 도판으로
쉽고 생동감 있게 풀었습니다.

양성자

전자

중성자

그리고 양성자와 중성자는
'쿼크'라는 더 작은 입자로 또 쪼개진답니다.

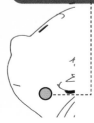

김재훈

만화가이자 저술가, 일러스트레이터다.
텍스트 형태의 지식을 직관적이고 흥미로운 만화로
재가공하는 데 탁월하기로 정평이 나 있다. 홍익대학교
미술대학을 졸업했고, 연세대학교 커뮤니케이션대학원에서
영상디자인과 문화사회학을 공부했다. 서울여자대학교와
홍익대학교에서 일러스트레이션과 글쓰기를 가르쳤다.
TV 만화 〈올림포스 가디언〉의 미술감독을 맡았고,
《중앙일보》에 여러 종류의 문화 카툰을 연재했다.
지은 책으로는 《사이언스툰 과학자들》, 《만화로 보는 3분 철학》,
《만화로 보는 그리스 로마 신화》, 《어메이징 디스커버리》,
《친애하는 20세기》, 《더 디자인》, 《라이벌》 등이 있다.

1월

"대담한 추측 없이 위대한 발견은 이루어지지 않는다."

— **아이작 뉴턴**

12. 31

안드레아스 베살리우스

Andreas Vesalius(1514~1564)

벨기에의 의학자로, 인체를 해부하고 면밀히 탐구해 근대 해부학의 기초를 마련했습니다. 로마 시대 의학자 갈레노스의 해부론을 경전처럼 의심 없이 따르던 당시 분위기를 거부하고, 솔선수범해 사람의 몸을 두 눈으로 확인한 인물이지요. 갈레노스 이론의 많은 오류를 발견하고 새로운 해부학 책을 쓰며 의학 분야에서 르네상스 정신을 실현했습니다.

1543년 출간된 《인체의 구조에 관하여》에는 베살리우스가 직접 그린 삽화가 200개 이상 실려 있다.

01. 01

협정 세계시

Coordinated Universal Time (UTC)

1972년 오늘, 세계는 세슘 원자시계를 이용한 협정 세계시를 국제 표준시로 삼았습니다. 세슘(Cs)이라는 원자가 1초에 약 91억 번 내보내는 진동수를 기준으로 하는 이 시계는, 3,000만 년에 1초도 틀리지 않을 정도로 정확도가 높답니다.

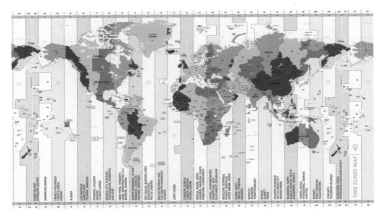

지역별 시간대를 나타낸 세계지도.

12. 30

블루문

Blue Moon

1982년 이날, 12월의 두 번째 보름달이 떴습니다. 양력으로 한 달에 두 번째 뜬 보름달을 '블루문'이라 합니다. 2월을 제외하면 30, 31일인 양력의 한 달 주기보다 달의 위상 변화 주기(29.5일)가 짧아서 생기는 현상으로, '블루문'은 색깔 때문에 붙은 이름은 아니랍니다. 이날의 블루문은 개기월식 현상이 겹쳐 더욱 특별했습니다.

실제 블루문은 파랗지 않다. '블루'문이라는 이름은 체코어에서 비롯되었다거나 여러 번 뜨는 달이 불운을 의미하기 때문이라는 등 여러 설이 전해지지만 확실하지는 않다.

01. 02

최초의 달 근접 비행

Luna 1

1959년 오늘, 소련의 달 탐사선 루나 1호가 세계 최초로 달 근접 비행에 성공했습니다. 원래 목표인 달 표면 도달에는 실패했고, 1966년 1월에야 루나 9호가 최초로 달 착륙에 성공했습니다.

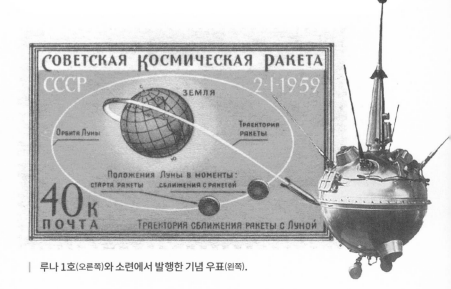

루나 1호(오른쪽)와 소련에서 발행한 기념 우표(왼쪽).

12. 29

알렉산더 파크스

Alexander Parkes (1813~1890)

영국의 화학자이자 발명가로, 1855년 식물의 세포벽을 구성하는 물질인 셀룰로오스를 이용해 최초의 인공 플라스틱을 만들어냈습니다. 쉽게 금이 가고 뒤틀려 상용화되지 못했지만, 상업용 플라스틱을 처음 만든 사람으로 기억됩니다.

파크스가 1860년대 무렵 최초의
인공 플라스틱 파크신으로 만든 물건들.

01. 03

최초의 인공 핵변환

Nuclear Transmutation of Elements

1919년 오늘, 어니스트 러더퍼드는 질소 가스 중 일부를 산소 가스로 전환했습니다. 한 원소를 다른 원소로 변환하고자 했던 옛 연금술사들의 꿈을 실현하며, 핵물리학 초기 역사에서 중요한 성취를 달성했습니다.

12. 28

존 폰 노이만

John von Neumann (1903~1957)

컴퓨터를 공부한 사람이라면 누구나 폰 노이만이라는 이름을 한 번
쯤 들어봤을 겁니다. 오늘날 사용하고 있는 컴퓨터의 기본 구조를
설계한 인물이기 때문이지요. 프로그램을 메모리에 저장해서 사용
하는 세계 최초의 디지털 컴퓨터 에드삭이 바로 그의 설계를 따른
것입니다. 또한 최초로 컴퓨터를 이용해 기상 예측을 시작한 사람
도 폰 노이만입니다.

사람들이 나를
세기의 천재라고 부르더군요.

01. 04

아이작 뉴턴

Isaac Newton(1642~1727)

17세기 과학혁명의 거장이라 불리는 영국의 물리학자 뉴턴은 관성의 법칙, 힘과 가속도의 법칙, 작용과 반작용의 법칙을 확립했습니다. 또한 이 운동 법칙들을 우주로 확장하여 만유인력의 법칙을 세웠습니다.

350여 년 전 내가 세운 법칙이 여태껏 물리학의 기본 원리로 쓰인다며?

12. 27

요하네스 케플러

Johannes Kepler(1571~1630)

독일의 천문학자로, 천동설을 지지하던 스승 튀코 브라헤의 관측 기록을 분석하여 '케플러의 행성 운동 법칙'을 정립했고, 지동설을 수정하고 발전시켰습니다. 코페르니쿠스가 촉발해 60여 년을 끌어오던 우주 논쟁에 종지부를 찍은 인물이지요.

01. 05

왜소 행성

Dwarf Planet

2005년 오늘, 명왕성보다 큰 천체 '에리스'가 발견되면서 명왕성의 행성 자격 논란이 시작되었습니다. 심지어 비슷한 유형의 천체가 계속해서 발견되며 행성을 더 엄밀히 정의해야 한다는 목소리가 나왔죠. 결국 에리스와 명왕성은 이후 '왜소 행성'으로 분류되었습니다. 태양을 공전하는 태양계의 천체의 일종인 왜소 행성은 행성보다 작지만 소행성보다는 큰 특징을 가집니다.

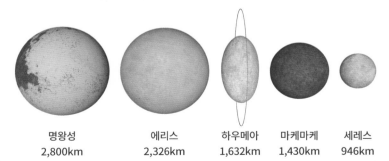

명왕성	에리스	하우메아	마케마케	세레스
2,800km	2,326km	1,632km	1,430km	946km

12. 26

클레멘스 빙클러

Clemens Winkler(1838~1904)

독일의 화학자로, 1886년 은광석에서 저마늄을 발견했습니다. 저마늄은 광택을 띠는 회백색의 반금속 원소로, 온도가 상승할수록 전기 전도율이 높아지는 반도체의 성질을 갖고 있어 1960년대까지 반도체소자의 재료로 쓰였습니다. 값싼 규소로 대체된 이후, 지금은 광섬유와 적외선 광학 분야에서 주목받고 있는 원소이지요.

저마늄은 나의 모국인 독일의 라틴어 'Germania'에서 따온 이름이야.

Clemens Alexander Winkler

01. 06

푸코의 진자

Foucault Pendulum

1851년 오늘, 프랑스의 과학자 레옹 푸코는 지구가 시계 반대 방향으로 자전한다는 사실을 실험을 통해 입증했습니다. 팡테옹의 돔 천장에 묶은 길이 67m의 줄에 28kg의 추를 매달아 흔들자, 진자의 진동면이 시계 방향으로 회전했던 것이지요.

파리 팡테옹의 푸코의 진자.

12. 25

크리스마스 무료 강연

Christmas Lectures

1825년 오늘, 패러데이는 서민과 아이들을 위한 크리스마스 무료 강연을 열었습니다. 가난한 대장장이의 아들로 태어난 그는 배울 기회가 없는 어린 학생들이 형편을 이유로 꿈을 버려선 안 된다 생각했습니다. 위대한 업적에도 평생 호사를 누리지 않는 평범한 과학자로 남기를 바랐던 패러데이가 시작한 왕립연구소의 크리스마스 강연은 지금까지 200년 가까이 이어져 오고 있습니다.

얘들아, 너희들 마음속에 아름다운 촛불이 있단다.

아저씨가 이 한 자루 양초가 밝히는 촛불로 화학을 가르쳐줄게.

01. 07

다게레오타입

Daguerreotype

1839년 오늘, 화가 루이 다게르는 대중적으로 알려진 최초의 사진술인 다게레오타입을 공개했습니다. 그 전까지 이미지를 기록하는 유일한 방법은 그림을 그리는 것뿐이었죠. 다게레오타입은 1860년대까지 초기 사진가들과 부유층에게 선풍적인 인기를 얻었습니다.

다게레오타입 카메라(왼쪽)와 1846년 다게레오타입으로 찍은 에이브러햄 링컨의 사진(오른쪽).

12. 24

제임스 프레스콧 줄

James Prescott Joule(1818~1889)

영국의 물리학자로, 전류의 발열 작용에 관한 법칙(줄의 법칙)을 발견했고, 열역학 제1법칙(에너지 보존의 법칙)의 확립에도 큰 역할을 했습니다. 19세기에 학문적으로 정립되었던 열역학은 열과 에너지의 관계를 다루는 자연과학의 한 분야로, 산업혁명 이후 열을 일로 전환하는 과정에서 효율을 높이기 위한 노력과 함께 발전했습니다.

왜 전기 모터는 작동시킬수록 뜨거워질까?

01. 08

르클랑셰 전지

Leclanché Cell

1866년 오늘, 화학자 조르주 르클랑셰가 처음으로 대량 생산이 가능한 전지를 발명했습니다. 이것이 현재 우리가 흔히 쓰는 건전지, 즉 충전이나 재사용이 불가능한 1차 전지의 원형입니다.

Georges Leclanché

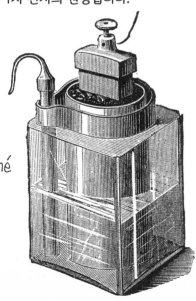

기존의 전지는 전해질로 산성 물질을
사용해 폭발의 위험이 있었는데,
르클랑셰는 이런 문제를 해결하기 위해
알칼리성 물질을 활용했다.

12. 23

오스트랄로피테쿠스 화석

The First Australopithecus Africanus Fossil

1924년 오늘, 영국의 인류학자 레이먼드 다트가 남아프리카 타웅에서 5~8세 소년의 것으로 보이는 두개골 화석을 발견했습니다. 어린 침팬지보다 두개골이 크고 둥글었으며 치아도 작았습니다. 다트는 이를 인류의 선조라 여기고 '오스트랄로피테쿠스 아프리카누스'라고 불렀습니다. 오스트랄로피테쿠스는 라틴어로, '남쪽의 원숭이'라는 뜻입니다.

레이먼드 다트가 1924년 발굴한 화석(왼쪽)과 2016년 에티오피아에서 발굴된 화석으로 재구성한 400만 년 전 오스트랄로피테쿠스의 얼굴(오른쪽).

01. 09

첫 외계 행성 관측

The First Exoplanet

1992년 오늘, 태양계 바깥에 있는 행성인 외계 행성을 처음으로 관측했습니다. 태양계 너머 외계 생명체의 존재와 행성의 근원에 대한 단서를 제공하리라 생각되는 외계 행성은 2022년까지 5,000여 개 넘게 발견되었습니다.

펄서 행성계의 상상도. 1992년 발견된 외계 행성은 태양과 같은 평범한 별(항성)이 아닌 펄서라는 중성자별 주위를 돈다. 펄서란 무거운 별이 진화의 마지막 단계에서 초신성 폭발을 겪고 남기는 별의 시체라고 할 수 있다.

12. 22

태양 섬광 스펙트럼 관측

The Flash Spectrum of the Sun

1870년 오늘, 천문학자 찰스 영이 에스파냐에서 처음으로 태양의 섬광 스펙트럼을 관측했습니다. 개기일식 때 태양의 가장자리에서 볼 수 있는 섬광 스펙트럼은, 달이 태양을 가린 순간부터 극히 짧은 시간 동안 빛납니다. 이날 영이 본 섬광 스펙트럼은 1.5초짜리였습니다.

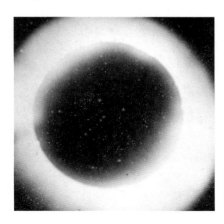

1870년 개기일식 때 찰스 영이 에스파냐 카디즈에서 찍은 태양의 섬광 사진.

01. 10

로버트 윌슨

Robert Woodrow Wilson(1936~)

미국의 전파천문학자 로버트 윌슨은 1964년 동료 아노 펜지어스와 함께 우주배경복사를 발견했습니다. 우주배경복사는 약 137억 년 전 우주 대폭발 후 차갑게 식은 우주를 향해 퍼져나간 열기로, 과학자들이 오랫동안 찾아온 빅뱅의 증거였습니다.

'복사'란 물체에서 방출된 열이나 전자기파를 말해요.

빅뱅의 흔적이 우주의 모든 곳에 '배경'처럼 있다는 뜻이지.

로버트 윌슨   아노 펜지어스

12. 21

라듐

Radium

1898년 오늘은 마리 퀴리와 피에르 퀴리 부부가 방사성원소 라듐을 발견한 날입니다. 방사성원소는 원자핵이 불안정하기 때문에 스스로 붕괴하면서 입자나 전자기파의 형태로 방사선, 즉 에너지를 방출하는 원소입니다. 라듐은 인체에 들어가면 뼈에 축적되어 끊임없이 방사선을 내뿜어, 뼈에 있는 골수 세포를 파괴하고 세포의 돌연변이를 일으킵니다.

저 부부가 나 덕분에 노벨 물리학상을 받았지.

88
Ra
Radium
(226)

01. 11

최초의 인슐린 접종

The First Insulin Injection

1922년 오늘, 의사 프레더릭 밴팅은 당뇨로 혼수상태에 빠진 소년에게 인슐린을 주사하여 생명을 구하는 데 성공했습니다. '죽음의 병'이었던 당뇨병은 인슐린의 발견 덕분에 '관리 가능한 질환'이 되었고, 밴팅은 그 공로로 노벨 생리의학상을 받았습니다.

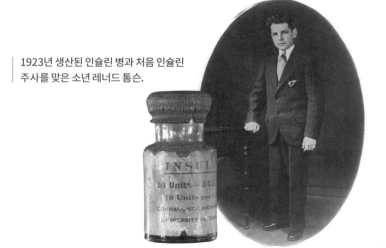

1923년 생산된 인슐린 병과 처음 인슐린
주사를 맞은 소년 레너드 톰슨.

12. 20

전해질

Electrolyte

물 같은 용매에 녹아서 이온으로 분해되어 전류를 흐르게 하는 물질을 말합니다. 예를 들어 소금(NaCl)이 물에 녹으면 나트륨 양이온(Na^+)과 염소 음이온(Cl^-)의 형태로 존재하게 됩니다. 즉 전하를 띠는 이온들로 분해되는 것입니다. 다시 말해 소금처럼 물에 녹였을 때 분해되어 전류가 흐르는 이온 상태로 존재하는 물질을 전해질이라고 합니다.

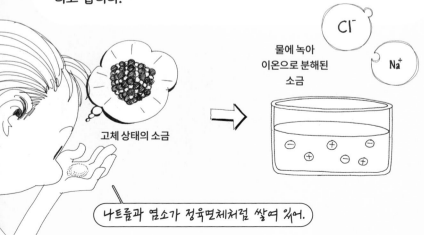

물에 녹아
이온으로 분해된
소금

Cl^-

Na^+

고체 상태의 소금

나트륨과 염소가 정육면체처럼 쌓여 있어.

01. 12

최초의 냉동인간

The First Person to be Cryonically Frozen

1967년 오늘, 간암에 걸린 미국의 심리학자 제임스 베드퍼드가 암 치료 기술이 개발되길 바라며 냉동 상태에 들어갔습니다. 의료진은 그의 몸을 영하 196℃의 액체 질소로 채워진 금속 용기에 집어넣었 습니다. 그는 여전히 냉동 상태에 있습니다.

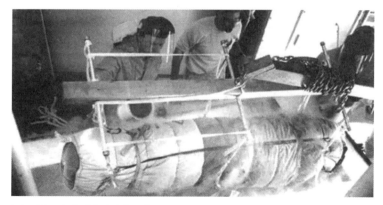

극저온 금속 용기에 넣어지고 있는 베드퍼드의 신체.

12. 19

쿨롱의 법칙

Coulomb's Law

두 전하 사이에 작용하는 정전기적 인력은 두 전하의 크기인 전하량의 곱에 비례하고, 두 전하 간 거리의 제곱에 반비례한다.

정지해 있는 두 개의 전하 사이에 작용하는 힘을 기술하는 법칙으로, 프랑스 물리학자 샤를 드 쿨롱이 발견했습니다.

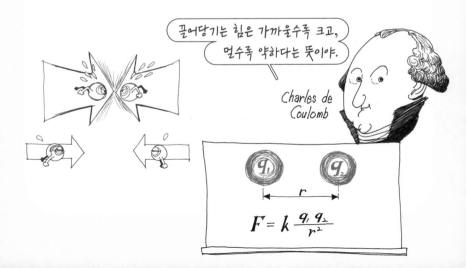

끌어당기는 힘은 가까울수록 크고, 멀수록 약하다는 뜻이야.

Charles de Coulomb

$$F = k \frac{q_1 q_2}{r^2}$$

01. 13

관성의 법칙

Newton's First Law of Motion

외부로부터 어떤 힘이 작용하지 않는다면, 정지해 있는 물체는 항상 정지해 있고, 운동하고 있는 물체는 항상 같은 방향과 속도로 움직이려 하는 성질.

뉴턴의 운동 제1법칙입니다. 차가 멈추고 출발할 때 몸이 앞뒤로 기우는 것이 바로 관성의 법칙 때문이지요.

12. 18

조지프 존 톰슨

Joseph John Thomson(1856~1940)

영국의 물리학자로, 물질의 최소 단위라고 믿어왔던 원자의 구성 성분인 전자를 발견하고 그 공로로 1906년 노벨 물리학상을 수상했습니다. 기존의 단단하고 쪼갤 수 없는 공과 같은 모양이었던 원자모형을, 건포도가 박힌 푸딩 모양의 원자모형으로 갈아치우며 원자의 구조를 새롭게 규명했습니다. 전자는 전기화학과 양자물리학 연구에서 빼놓을 수 없는 중요한 단서지요.

원자는 이렇게 단순하게 생기지 않았어!

전자

01. 14

케플러의 행성 운동 법칙

Kepler's Laws of Planetary Motion

행성은 태양을 초점으로 하는 타원형 궤도를 그리며, 태양과 행성을 잇는 직선이 같은 시간 동안에 그리는 면적은 언제나 일정하다. 행성의 공전 주기의 제곱은 태양과 행성 사이의 평균 거리 세제곱에 비례한다.

케플러는 행성 운동 법칙을 발표하며 기존 천동설 우주관의 등속 원운동을 무너뜨리고, 지동설을 완성해 냈습니다.

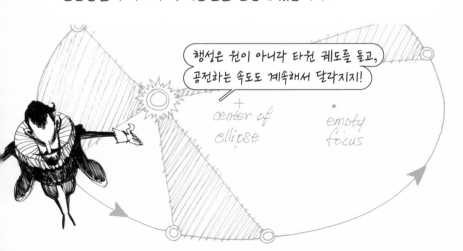

행성은 원이 아니라 타원 궤도를 돌고, 공전하는 속도도 계속해서 달라지지!

center of
ellipse

empty
focus

12. 17

라이트 형제의 비행 성공

Wright Brothers First Flight

1903년 오늘, 오빌 라이트가 운전하는 '라이트 플라이어 1호'가 12초 동안 37m를 날았습니다. 세계 최초로 엔진을 장착한 비행기를 타고 인간이 하늘을 나는 데 성공한 것입니다. 이를 위해 라이트 형제는 직접 제작한 풍동(윈드 터널)을 사용해 새로운 비행 기술을 연구하는 한편 효율적인 날개와 프로펠러를 설계하고 기술자를 고용해 엔진을 만들었습니다.

01. 15

힘과 가속도의 법칙

Newton's Second Law of Motion

운동하고 있는 물체의 힘은 그 물체의 질량에 가속도를 곱한 것과 같다.

뉴턴의 운동 제2법칙입니다. 가속도는 물체에 작용하는 힘이 클수록 커집니다. 반면 질량이 큰 물체일수록 운동 상태를 변화시키가 어려우므로 작아집니다.

$$F = ma$$

12. 16

자연방사선, 인공방사선

Background Radiation & Artificial Radiation

인간이 노출되는 방사선은 자연방사선과 인공방사선으로 나뉍니
다. 우주, 대지, 공기 호흡, 음식물 등으로부터 흡수되는 자연방사
선은 피할 수 없지만 평생 노출되는 양이 미미해 건강에 문제가 되
지 않습니다. 인공방사선은 X선 촬영기 같은 의료기기, 원자력 발
전소 등으로부터 인위적으로 받게 되는 방사선을 말하지요.

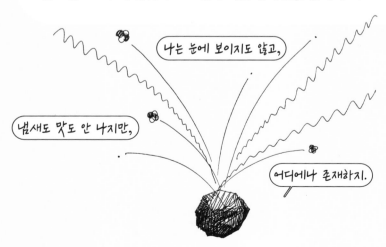

나는 눈에 보이지도 않고,

냄새도 맛도 안 나지만,

어디에나 존재하지.

01. 16

작용과 반작용의 법칙

Newton's Third Law & Motion

모든 작용에는 크기가 같고 방향이 반대인 반작용이 존재한다. 즉 두 물체가 서로에게 미치는 힘은 항상 크기가 같고 방향은 반대이다.

뉴턴의 운동 제3법칙입니다. 로켓이 추진력을 가지는 원리가 바로 이것입니다. 몸체 안의 연료를 엄청난 속도로 밀어내면서 반대 방향 의 반작용을 받게 되는 방사선을 말하지요.

로켓을 발사하려면 로켓의 무게보다 큰 힘이 로켓을 밀어 올려야 하지.

12. 15

앙리 베크렐

Henri Becquerel(1852~1908)

방사선을 처음으로 발견한 프랑스의 물리학자입니다. 1896년 실험 중이던 우라늄 화합물에서 어떤 광선이 나오는 것을 발견하고 훗날 방사선이라 불릴 이 미지의 광선에 '베크렐선'이라는 이름을 붙였죠. 과학계는 그의 업적을 기려 방사능의 세기를 나타내는 단위에 그의 이름 '베크렐(Bq)'을 붙였습니다.

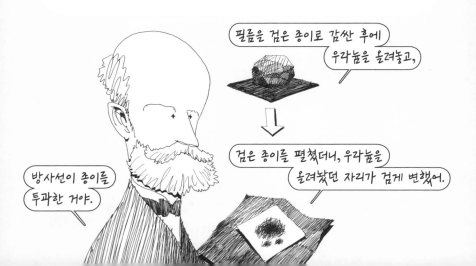

01. 17

벤저민 프랭클린

Benjamin Franklin(1706~1790)

미국 독립선언서 작성자 중 한 사람인 벤저민 프랭클린은 정치가이자 외교관일 뿐 아니라 명망 있는 과학자였습니다. 그는 연날리기 실험으로 번개가 전기의 일종이라는 가설을 증명했고, 번개에 대처하기 위한 피뢰침도 발명했습니다.

사람들이 무서워하던 번개의 비밀을 밝혀냈지.

12. 14

튀코 브라헤

Tycho Brahe(1546~1601)

광학기기의 도움 없이 맨눈으로 밤하늘을 관측한 최후 세대의 천문학자로, 카시오페이아자리에서 발견한 초신성, 777개가 넘는 항성들의 위치를 비롯한 방대한 양의 천문 관측 자료를 남겼습니다. 그는 '하늘의 별장'이라는 뜻의 천문대 우라니보르그에서 20여 년간 하루도 빠짐없이, 누구도 시도하지 못한 정밀한 단위로 행성과 별을 관측한 집념의 천문학자였습니다.

내 시력이 3.0~5.0은 됐을 거라던데?

천문대 우라니보르그

01. 18

로코모션 1호

Locomotion No. 1

1825년 오늘, 증기기관차 로코모션 1호가 석탄 약 90톤을 싣고 시속 18km로 달렸습니다. 로코모션 1호는 철도의 아버지라 불리는 조지 스티븐슨이 제작하여 최초로 실용화된 증기기관차로, 1869년까지 운행됐습니다.

화물열차 6량과 여객열차 28량을 거느리고도 시속 20km로 달릴 수 있지.

LOCOMOTION

12. 13

X선

X-ray

전자를 물체에 충돌시킬 때 방출되는 투과력이 강한 전자기파를 X선이라고 합니다. 1895년 우연히 X선을 발견한 뢴트겐은 이 광선이 뼈처럼 밀도가 높은 물질은 통과하지 못한다는 사실을 알게 됐지요. 이러한 원리를 활용한 X선 사진은 고통 없이 몸 속을 탐색할 수 있게 해주어 의학사에 큰 전환점을 제공했습니다.

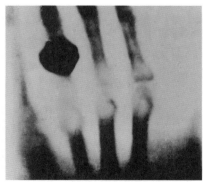

1895년 12월, 뢴트겐이 부인의 반지 낀 손을 찍은 X선 사진(왼쪽).
1914년 파리의 한 병원에서 초기 X선 촬영 장비로 흉부 사진을 찍는 모습(오른쪽).

01. 19

제임스 와트

James Watt(1736~1819)

제임스 와트는 스코틀랜드의 기계 기술자입니다. 그는 이미 개발되어 광산에서 사용되고 있던 증기기관을 살피다가 훨씬 효율적으로 개량할 수 있는 방법을 떠올렸습니다. 그렇게 발명한 새로운 증기기관으로 산업혁명의 문을 열었습니다.

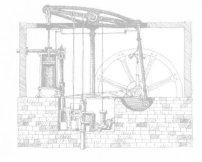

같은 물건을 만들 때 들어가는 시간과 노동력이 수백분의 1로 줄어들었으니, 말 그대로 '혁명'이지!

12. 12

파리협정 채택

Paris Agreement

2015년 오늘, 프랑스 파리에서 2020년 만료 예정인 교토의정서를 대체해 그 이후의 기후변화 대응을 담은 국제 협약이 채택되었습니다. 이 협약은 선진국만 온실가스 감축 의무가 있었던 1997년 교토 의정서와 달리 195개 UN 기후변화협약 당사국 모두가 의무를 지는 보편적인 첫 기후 합의라는 점에서 의미가 큽니다.

2015년 UN 기후변화협약
포스터.

01. 20

앙드레 마리 앙페르

André-Marie Ampère(1775~1836)

프랑스의 물리학자 앙페르는 전류가 흐르면 그 주위에 자기장이 만들어지며, 자기장의 방향은 오른나사의 회전 방향과 같다는 '앙페르 법칙'을 발견했습니다. 전류를 측정하는 데 쓰이는 단위 암페어(A)는 그의 이름에서 따온 것입니다. 평행하게 전류가 흐르는 두 도선 사이에 인력과 척력이 생긴다는 사실도 알아냈지요.

12. 11

교토의정서 채택

Kyoto Protocol

1997년 오늘, 지구온난화의 규제를 위한 국제 협약인 'UN 기후변화협약'의 수정안으로 '교토의정서'가 채택되었습니다. 앞선 협약은 강제성이 없었던 반면, 교토의정서에서는 여섯 가지 온실가스의 배출량을 줄이지 않는 가입 선진국에 대해 비관세 장벽을 적용하게 되었죠. 하지만 온실가스 배출량이 가장 많은 미국은 교토의정서가 발효되는 시점인 2005년이 되기 전에 탈퇴했습니다.

《재팬 타임스》 1922년 12월 12일자 1면의 〈160개국 교토의정서 채택〉.

01. 21

원자구조

Atomic Structure

원자는 모든 물질의 기본 단위입니다. 하지만 원자는 더 작은 입자
들로 이루어져 있답니다. 원자의 중심부에 중성자와 양성자가 결합
한 원자핵이 있고, 그 주변을 전자가 둘러싸고 있지요.

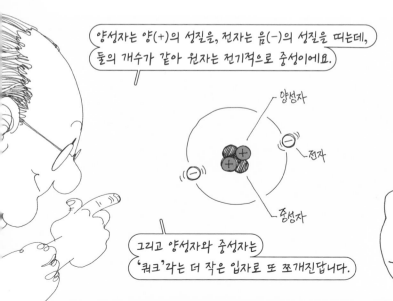

양성자는 양(+)의 성질을, 전자는 음(-)의 성질을 띠는데,
둘의 개수가 같아 원자는 전기적으로 중성이에요.

양성자

전자

중성자

그리고 양성자와 중성자는
'쿼크'라는 더 작은 입자로 또 쪼개진답니다.

12. 10

노벨상

Nobel Prize

매년 12월 10일은 노벨상 시상식이 열리는 날입니다. 알프레드 노벨이 사망한 날짜이기도 하지요. 1896년 노벨 사망 이후 공개된 유언장에 따라 노벨 재단이 수립되었고, 1901년에 첫 시상식이 열렸습니다. 노벨상은 매년 국적과 관계없이 물리학, 화학, 생리학·의학, 문학, 평화 5개 분야의 공로자에게 수여됩니다.

노벨 평화상을 제외한 네 개
부문의 메달 앞면으로,
알프레드 노벨의 초상이 새겨져 있다.
뒷면에는 부문별 대표 형상과
더불어 수상자의 이름이 새겨진다.

01. 22

프랜시스 베이컨

Francis Bacon(1561~1626)

영국의 철학자 프랜시스 베이컨은 끊임없는 관찰과 실험으로 보편적인 지식을 이끌어 내야 한다는 '귀납적' 방법론을 제안했습니다. 그 전까지는 명제에서 출발해 각각의 지식을 밝혀내는 '연역적' 방법론이 기본이었죠. 베이컨의 생각에 동의한 수많은 과학자가 새로운 과학의 시대를 펼쳤습니다.

아리스토텔레스부터 이어져 온 학문의 전통을 확 뒤집어 놨지.

어지럽다⋯⋯.

12. 09

칼 빌헬름 셸레

Carl Wilhelm Scheele(1742~1786)

스웨덴의 화학자로, 프리스틀리보다 앞서 세계 최초로 산소를 발견한 인물이지만, 인쇄소에 넘긴 책이 실수로 출간되지 않아 빛을 보지 못한 비운의 인물입니다. 하지만 화학 연구에 생애를 바친 그는 염소, 요산, 젖산 등 수많은 원소와 화합물을 발견했습니다. 화학 물질의 냄새와 맛까지 직접 확인할 만큼 열성적이었던 그는 독극물을 맛보다가 젊은 나이에 세상을 떠났습니다.

알아주는 이는 없었지만 평생을 화학 연구에 바쳤어요.

Carl Wilhelm Scheele

01. 23

전하

Electric Charge

물질이 가진 전기의 양을 의미하며, 전기 현상을 일으키는 원인입니다. 원자는 양(+)전하를 띠는 양성자와 음(+)전하를 띠는 전자의 수가 같아 전기적으로 중성이지만, 전자는 결합력이 약해서 마찰 같은 물리적 힘으로도 쉽게 원자를 벗어납니다. 이렇게 한 물질에서 다른 물질로 전자가 이동하면 전자를 얻은 물질은 음전하, 잃은 물질은 음전하를 띠게 됩니다.

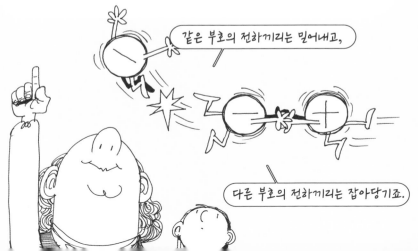

같은 부호의 전하끼리는 밀어내고,

다른 부호의 전하끼리는 잡아당기죠.

12. 08

얀 잉엔하우스

Jan Ingen-Housz(1730~1799)

네덜란드의 생물학자이자 화학자로, 식물의 잎에서 나오는 기체를
연구한 끝에, 태양을 쬐는 낮에는 산소가, 밤에는 이산화탄소가 나
온다는 사실을 밝혀냈습니다. 즉 식물이 산소를 만들려면 빛이 필
요하다는 것을 발견했지요. 이는 광합성을 이해하는 첫걸음이 되었
습니다.

식물도 동물과 마찬가지로
세포 호흡을 합니다.

01. 24

이온

Ion

전기적으로 양이나 음의 전하를 가지고 있는 원자를 이온이라 합니다. 원자는 '양전하'를 띠는 양성자와 '음전하'를 띠는 전자의 수가 같으니 전기적으로 중성 상태를 유지합니다. 그러다가 전자를 얻으면 음이온, 전자를 잃으면 양이온이 되지요. 이온화된 원자는 다른 이온이나 분자와 반응하며 새로운 화합물을 형성할 수 있답니다.

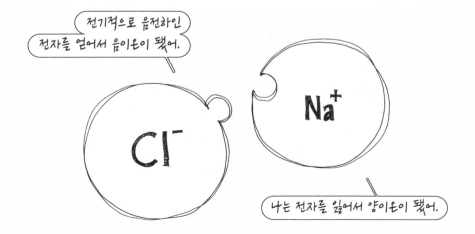

12. 07

광합성

Photosynthesis

식물이 태양의 빛을 통해 빛에너지를 화학에너지로 전환하는 과정으로, 물과 이산화탄소를 재료로 포도당과 산소를 생성합니다. 광합성은 막대한 양의 태양에너지를 생태계에 공급하는 수단으로, 생태계는 광합성을 통해 합성된 유기물로 지탱됩니다.

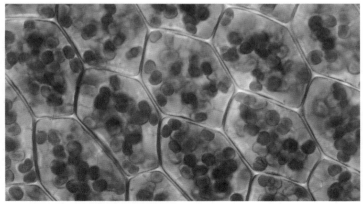

│ 빛에너지를 흡수하는 안테나 역할을 하는 녹색 색소인 엽록소.

01. 25

로버트 보일

Robert Boyle(1627~1691)

아일랜드의 대부호 집안에서 태어난 로버트 보일은 연금술에 반대하고, 수많은 실험과 연구로 근대 화학의 기초를 다졌습니다. 그는 제자 로버트 훅과 함께, 일정한 온도에서 기체의 부피는 압력에 반비례한다는 '보일의 법칙'을 발표했습니다.

풍선이 하늘 높이 올라갈수록 커지다가 터지는 것도 바로 보일의 법칙 때문이지요.

12. 06

조제프 루이 게이뤼삭

Joseph Louis Gay-Lussac(1778~1850)

프랑스의 화학자로, 기체의 질량과 부피가 일정하다면 기체의 압력은 온도에 비례한다는 '샤를의 법칙', 화학반응이 일어날 때 반응하는 기체와 생성되는 기체의 부피 사이에는 간단한 정수비가 성립한다는 '기체 반응의 법칙'을 발견했습니다. 기체 반응의 법칙은 현대 화학의 매우 중요하고도 기본적인 법칙 가운데 하나입니다.

'게이뤼삭의 법칙'이라고 하려다가, 몇 년 전에 샤를이란 과학자도 나랑 똑같은 생각을 했다길래 양보했지.

01. 26

보일의 법칙

Boyle's Law

온도가 일정할 때 기체의 부피는 압력에 반비례한다.

즉 압력이 2배, 3배 커지면 기체의 부피는 2분의 1배, 3분의 1배로 줄어들지요. 주사기 속에 공기를 넣은 뒤 입구를 막고 피스톤을 힘껏 눌러 보면, 압력이 커져서 부피가 줄어드는 걸 확인할 수 있습니다.

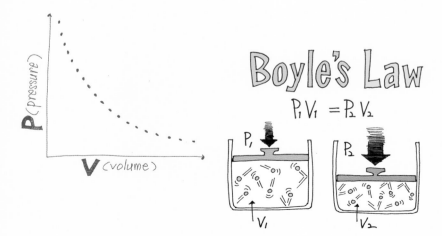

12. 05

런던 스모그

Great Smog of London

1952년 오늘, 런던에서 사상 최악의 대기오염이 발생했습니다. 추운 날씨 탓에 석탄 난방이 급증하면서 배출된 대기오염 물질 아황산가스가 안개와 결합해 5일간 도시를 뒤덮었습니다. 이로 인해 닷새 만에 약 4,000명이, 이듬해까지 총 1만 2,000명이 사망했습니다. 런던 스모그 사태는 전 세계에 환경오염의 심각성을 일깨우는 계기가 되었습니다.

1952년 런던 스모그 사태 당시 대기 오염에 마스크를 쓰고 있는 경찰관.

01. 27

쿼크

Quark

원자의 중심부에는 원자핵이 있고, 원자핵은 중성자와 양성자로 이루어져 있지요. 그 중성자와 양성자를 만드는 가장 작은 입자가 '쿼크'입니다. 미국의 이론물리학자 머레이 겔만이 1964년에 발견했습니다.

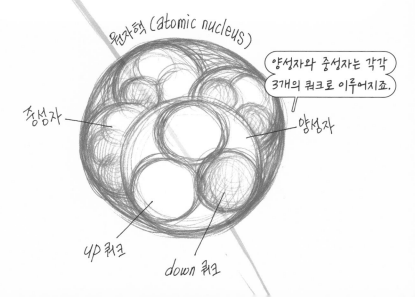

원자핵 (atomic nucleus)

양성자와 중성자는 각각 3개의 쿼크로 이루어지죠.

중성자

양성자

up 쿼크

down 쿼크

12. 04

해저케이블

Submarine Communications Cable

1850년대에 전보를 주고받기 위한 최초의 해저케이블이 설치된 이래, 현대의 인터넷과 모바일 트래픽의 99% 이상이 해저케이블을 통해 전송되고 있습니다. 남극을 제외한 모든 대륙을 연결하고 있는 해저케이블은 깊은 바닷속 지진이나 높은 수압에도 끊어지지 않도록 여러 겹의 아주 두꺼운 형태를 하고 있습니다.

해저에 설치된 해저케이블의 상상도.

01. 28

챌린저호 폭발

Space Shuttle Challenger Disaster

1986년 오늘, 우주왕복선 챌린저호가 발사대를 떠난 지 70여 초만에 공중에서 폭발했습니다. 최초의 민간인 출신 우주인을 포함, 승무원 7명이 모두 희생되었습니다.

미국 플로리다주의 케네디 우주센터에서 쏘아 올려진 후 약 1만 4,400m 상공에서 폭발했다.

12. 03

클리블랜드 애비

Cleveland Abbe(1838~1916)

세계 최초로 일기예보를 시작한 미국의 기상학자입니다. 천문학을 공부한 그는 자신이 일하던 미국 신시내티 천문대를 기상대로 전환하고, 하루에 한 번 날씨를 예측하는 것을 목표로 1869년 9월부터 날씨를 예보하기 시작했습니다. 최초의 일기도인 '일간 날씨 알림판'을 만들어 강수, 풍향, 온도 같은 정보를 제공했습니다.

클리블랜드 애비가 제작한 1870년 4월 19일자 '일간 날씨 알림판'.

01. 29

코리올리 힘

Coriolis Force

지구가 자전하기 때문에 생기는 가상의 힘으로 전향력이라고도 합니다. 북반구에서 지상으로 낙하하는 물체가 오른쪽으로 쏠리는 이유, 태풍의 소용돌이가 반시계 방향으로 생기는 이유이지요. 남반구에서는 반대 방향으로 작용한답니다.

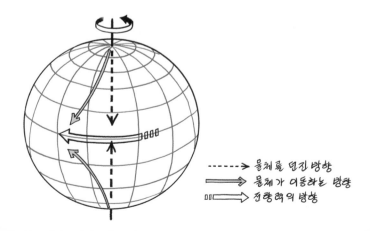

------▶ 물체를 던진 방향
⟹ 물체가 이동하는 방향
◫⟹ 전향력의 방향

12. 02

최초의 인공 핵 연쇄반응

The First Nuclear Chain Reaction

1942년 오늘, 엔리코 페르미의 연구팀이 시카고 대학 미식축구장 지하에 있는 실험실에서 세계 최초로 핵 연쇄 반응을 인공적으로 일으키고 제어하는 실험에 성공했습니다. 세계 최초의 원자로가 가동되기 시작한 것입니다. 맨해튼 프로젝트의 일부였던 이 실험은 2년 뒤 미국이 원자폭탄 개발에 성공하는 데 결정적 역할을 했습니다.

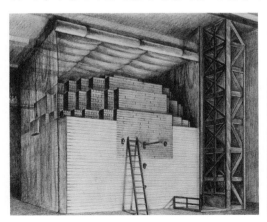

최초의 원자로 시카고 파일 1호의 모습. 핵분열은 불안정한 방사성 원소가 더 작은 원자핵으로 분열되는 현상으로, 도미노처럼 차례로 원자핵이 분열되는 연쇄 반응이 일어나면 막대한 에너지가 발생한다.

01. 30

나로호 발사

Korea Space Launch Vehicle-I

2013년 오늘은 대한민국이 처음 우리 기술로 만든 우주발사체를 성공적으로 발사한 날입이다. '나로호'라는 이름의 2단형 발사체로, 여기에 나로과학위성을 실어 쏘아 올리는 데 성공했습니다.

한국 최초 우주발사체 나로호 발사대 기립 모습. 우주발사체란 인공위성과 우주정거장 등 우주 구조물을 우주 공간에 옮기기 위해 사용하는 로켓이다.

12. 01

가시광선

Visible Ray

전자기파의 스펙트럼 중에서도 인간의 눈으로 볼 수 있는 파장의 영역을 가시광선이라고 합니다. 빨주노초파남보 순서대로 파장이 짧아지고 에너지가 증가하지요. 우리가 아는 '적'외선은 가시광선의 빨간색보다 파장이 더 긴 영역이고, '자'외선은 가시광선의 보라색보다 파장이 더 짧은 영역이랍니다.

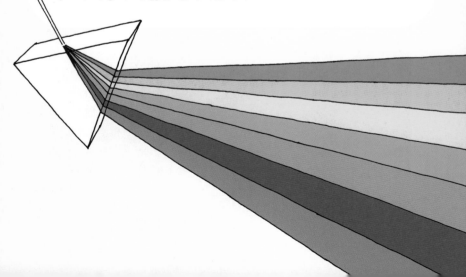

01. 31

우주에 간 최초의 영장류

Ham the Astrochimp

1961년 오늘, 침팬지 '햄'이 영장류 최초로 우주에 다녀왔습니다. 인간이 우주에 나가기 전 안전을 확인하기 위해서였습니다. 햄은 무사히 임무를 마치고 지구로 귀환했지만, 동물을 이용한 비윤리적 과학 실험이라는 비난을 받아야 했습니다.

비행 전 우주복을 입고 특수 캡슐에 앉아 있는 햄(왼쪽)과 햄을 태워 우주로 발사한 머큐리-레드스톤2(오른쪽).

12월

"자연현상의 다양성은 너무 대단하고,
하늘에 숨겨진 보물들이 너무 많아
인간의 마음은 새로운 영양 공급에 결코 부족함이 없다."

— 요하네스 케플러

2월

"우리는 중간 단계가 보이지 않는
큰 변화를 인정하는 데 항상 느리다."

— 찰스 다윈

11. 30

오토 폰 게리케

Otto von Guericke(1602~1686)

독일의 물리학자로, 1654년에 반구를 마주 붙인 후 공기를 빼고 양쪽에서 말이 끌게 한 '마그데부르크의 반구 실험'을 통해 진공을 만들 수 있으며 대기 중에서는 물체에 압력이 작용한다는 사실을 증명했습니다. 또한 기압계도 만들었는데, 실험을 토대로 한 그의 이론들은 기체역학의 기초가 되었습니다.

양쪽에 말을 8마리씩 둬서 겨우 떨어졌지.

공기의 무게 때문에 생기는 대기압이 그만큼 큰 거야.

Otto von Guericke

02. 01

호모 사피엔스

Homo sapiens

현생 인류의 학명은 호모 사피엔스입니다. '지혜로운 사람'이라는 뜻이지요. 세상의 수많은 생물을 체계적으로 분류하고 이름을 붙인 칼 폰 린네는 다른 동식물과 마찬가지로 인류에게도 학명을 부여했습니다.

Homo sapiens

인간도 예외일 수 없지!

11. 29

존 레이

John Ray(1627~1705)

처음으로 '종'이라는 용어를 사용하고 개념을 정의한 영국의 박물학자입니다. 식물을 크게 쌍떡잎식물과 외떡잎식물로 구별했으며, 동물도 물고기, 새, 파충류, 포유류 등으로 분류하는 등 식물학과 동물학의 초기 분류 체계를 만들었지요. 그래서 영국 박물학의 아버지로 불립니다.

> 칼 폰 린네의 선배라고 할 수 있지.

John Ray

1693년에 출판된 《사지동물 일람》.
이 외에도 물고기, 새, 곤충의 분류에 관한 책을
집필했으며, 《식물의 자연사》에서는
약 1만 8,000종의 식물을 범주화했다.

02. 02

세계 습지의 날

World Wetland Day

매년 2월 2일은 세계 습지의 날입니다. 습지는 각종 생물이 서식하고 미생물이 유기물을 먹고 사는 생태계의 보고로서, 주변의 오염된 물을 흡수해 오염 물질을 정화하고 우기나 가뭄 때 자연 댐의 역할을 합니다. 습지 역시 기후 위기의 위협을 받고 있습니다.

카마강 주변 습지와 세계 습지의 날 로고

11. 28

왕립학회 설립

Royal Society of London for Improving Natural Knowledge

1660년 오늘, 영국 런던에서 세계 최초의 과학 학회가 발족했습니다. 공식 명칭은 '자연과학 진흥을 위한 런던 왕립학회'로, 1662년 찰스 2세의 인가를 받고 '왕립학회'로 불리게 되었지요. 수많은 과학자와 수학자, 철학자가 회원으로 활동했습니다.

왕립학회 문장(오른쪽)과 1667년 출간된 《런던 왕립학회의 역사》에 실린 삽화(왼쪽).
찰스 2세의 흉상을 중심으로 왼쪽이 초대회장인 수학자 윌리엄 브롱커,
오른쪽이 프랜시스 베이컨이다.

02. 03

랠프 앨퍼

Ralph Alpher(1921~2007)

'빅뱅 이론의 잊힌 아버지'로 불리는 미국의 우주론학자 랠프 앨퍼는 로버트 허먼과 함께 우주배경복사의 존재를 1948년에 처음으로 주장했습니다. 그의 예측은 16년 후 아노 펜지어스와 로버트 윌슨에 의해 확인되었고, 두 과학자는 노벨 물리학상을 받았습니다.

파장이 짧고 고에너지였던 광파가 우주 팽창과 함께 마이크로파로 길어져서 우주에 고르게 퍼져 있는 거야.

우리는 예측만 했지.

랠프 앨퍼

로버트 허먼

11. 27

안데르 셀시우스

Anders Celsius(1701~1744)

현재 우리가 사용하는 섭씨온도 체계를 만든 스웨덴의 물리학자이자 천문학자입니다. 1742년에 일정한 기압에서 일정하게 유지되는 물의 어는점 0℃와 끓는점 100℃를 고정점으로 정하고, 그 사이를 100등분한 것이지요. 재미있게도 '섭씨(℃)'는 '셀시우스 씨'를 한자(攝氏)로 표기한 것입니다.

Anders Celsius

내 한자 이름이 섭이수(攝爾修)야.

섭씨온도계. 섭씨온도는 세계에서 가장 많이 사용하는 온도 단위이다.

02. 04

케플러와 브라헤의 만남

Tycho Brahe & Johannes Kepler

1600년 오늘, 위대한 두 천문학자가 만났습니다. 관찰의 천재 튀코 브라헤는 수학의 천재 요하네스 케플러를 채용해 그때까지 자신이 모은 자료를 정리하는 일을 맡겼습니다. 이듬해 브라헤는 당대 최고 수준의 천문관측 자료를 남긴 채 사망했고, 케플러는 이를 바탕으로 유명한 행성 운동 법칙을 알아냈습니다.

11. 26

존 뉴랜즈

John Alexander Reina Newlands(1837~1898)

영국의 화학자로, 1865년 원자량의 순서에 따라 원소를 배열하면 8번째마다 성질이 비슷한 원소가 나타난다는 사실을 발견하고 이를 음계에 비유하여 '옥타브의 법칙'이라 명명했습니다. 이는 멘델레예프가 63개의 원소를 원자량의 순서대로 배열해 주기율표를 만드는 데 결정적인 영향을 끼쳤지요.

02. 05

튀코 체계

Tychonic System

튀코 브라헤는 천동설을 기반으로 지동설을 절충해 튀코 체계를 고안했습니다, 태양이 지구 주위를 도는 동시에, 다른 행성들은 태양 주위를 돈다는 주장이었죠. 이후 제자 케플러는 브라헤의 자료를 넘겨 받아, 스승이 믿었던 천동설을 깨뜨리고 보란듯이 지동설을 완성했습니다.

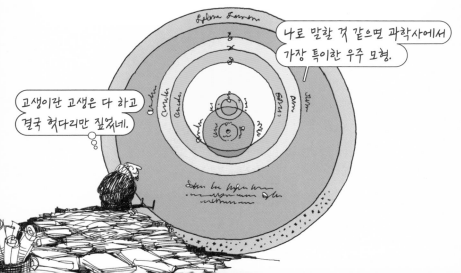

11. 25

일반상대성이론 발표

Theory of General Relativity

1915년 오늘, 아인슈타인이 〈중력장 방정식〉이란 논문을 통해 일반 상대성이론을 발표했습니다. 일반상대성이론은 간단히 말해 우주에 아주 무거운 물질이 있으면, 그 주변의 시공간이 휘어버린다는 주장이에요. 아인슈타인은 이 이론에 따라 태양 근처를 지나가는 빛은 아주 미세한 각도로 휘어질 거라 예상했고, 이는 사실로 증명되었답니다.

02. 06

만유인력의 법칙

Law of Universal Gravitation

'만유'란 우주에 존재하는 모든 것을, '인력'이란 물체끼리 서로 끌어당기는 힘을 의미합니다. 즉 질량을 가진 우주의 모든 물체 사이에는 서로 끌어당기는 힘이 작용한다는 법칙이죠. 1665년 뉴턴이 발견했습니다.

지구가 '사과'를 잡아당기는 힘이
우주에 있는 '달'에도
동일하게 작용한다는 뜻이지.

11. 24

《종의 기원》 출간

'The Origin of Species'

1859년 오늘, 찰스 다윈의 《종의 기원》이 출간되었습니다. 자연 선택을 통한 종의 진화를 주장한 이 책은 출간되자마자 논쟁을 불러일으켰습니다. 다윈은 1831년부터 약 5년간 갈라파고스 군도를 비롯해 세계 여러 곳을 탐사하며 자연선택설을 확신했음에도 20여년 후에야 책을 출간했습니다. 그 이유는 자신의 연구 결과가 성경의 창조설을 정면으로 반박하고 있었기 때문입니다.

02. 07

전자기력

Electromagnetic Force

전하를 띤 입자들 사이에 작용하는 힘입니다. 서로 전혀 다른 힘으로 여겨지던 전기와 자기가 '전자기'라는 같은 힘에서 발생한다는 사실이 밝혀지며, 전기력과 자기력을 통틀어 가리키는 용어로 쓰이기 시작했습니다.

11. 23

도플러 효과

Doppler Effect

다가오는 물체가 내는 소리는 음높이가 높게 들리고(진동수가 크고 파장이 짧다), 멀어지는 물체가 내는 소리는 음높이가 낮게 들리는(진동수가 작고 파장이 길다) 현상입니다. 빛 역시 파동이기 때문에 도플러 효과가 나타나는데, 색깔의 변화로 알 수 있습니다. 즉 관측 물체가 가까워지면 푸른색, 멀어지면 붉은색으로 변합니다.

허블은 이 도플러 효과로 우주가
팽창한다는 걸 밝혀냈지!

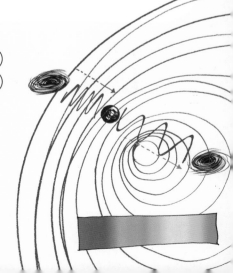

02. 08

드미트리 멘델레예프

Dmitri Mendeleev(1834~1907)

러시아의 화학자 멘델레예프는 당시 알려져 있던 63종의 화학원소 간에 일정한 규칙이 있을 것이라 여기고, 1869년 최초의 주기율표 를 완성했습니다. 세로줄은 원자량이 증가하는 순서대로, 가로줄 은 화학적 성질이 비슷한 원소끼리 배열했지요. 게다가 훗날 빈자 리를 채울 원소들의 원자량과 빛깔까지도 예측했습니다.

11. 22

허블 우주망원경

Hubble Space Telescope

1990년 NASA가 우주왕복선을 이용해 지구 궤도에 올린 천체 망원경입니다. 이 망원경을 통해 오차 범위 10% 이하로 우주의 나이를 계측할 수 있게 되었고, 우주가 암흑에너지로 꽉 차 있다는 사실도 알았습니다. 최근에는 태양계 밖에 있는 외계 행성을 관측하고, 이 행성들에서 생명체의 흔적을 찾고 있습니다.

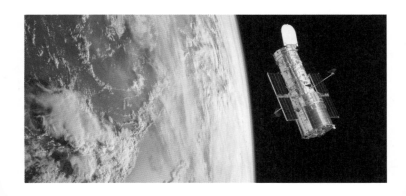

02. 09

멘델레븀

Mendelevium

멘델레븀은 1955년 아인슈타이늄(Es) 동위원소에 헬륨(He) 이온을 충돌시켜 인공적으로 만든 방사성 초우라늄 원소입니다. 원소 이름 '멘델레븀'은 과학자들이 처음으로 원소 주기율표를 만든 멘델레예프의 업적을 기려 붙인 것입니다.

나 같은 초우라늄 원소는 너무 불안정해서 실생활에 활용되는 일은 거의 없어.

```
101        258
    Md
Mendelevium
```

그래도 내 이름이 붙었다니 뿌듯하다.

11. 21

안드로메다 은하

Andromeda Galaxy

오랫동안 우리 은하 안에 있는 '성운'이라고 여겨졌던 안드로메다 '은하'가, 우리 은하 밖의 천체임이 알려진 것은 겨우 100년밖에 되지 않았습니다. 250만 광년이나 멀리 떨어진 안드로메다 은하는 육안으로 볼 수 있는 가장 먼 천체로, 우주가 우리가 알고 있는 것보다 훨씬 크다는 사실을 알려주었습니다. 태양과 같은 항성을 약 1조 개 넘게 가지고 있죠.

나 허블이 1923년에 밝혀낸 사실이죠.

02. 10

비활성기체

Noble Gas

화학적으로 안정되어 화합물을 잘 만들지 못하는 기체를 말합니다. 헬륨(He), 네온(Ne), 아르곤(Ar), 크립톤(Kr), 제논(Xe), 라돈(Rn)으로, 주기율표의 18족을 이루고 있습니다. 하지만 1961년부터 드물게 과학자들이 비활성기체를 포함한 화합물을 만드는 데 성공하고, 우주에서도 아르곤의 화합물이 발견되는 등 새로운 사실들이 계속해서 밝혀지고 있습니다.

우리는 혼자 지내는 게 더 좋아.

11. 20

에드윈 허블

Edwin Hubble(1889~1953)

미국의 천문학자로, 우주가 팽창한다는 사실을 관찰로 확증함으로써 빅뱅이론의 토대가 되는 허블의 법칙을 발표했습니다. 지금도 멀어져 가는 우주를 관찰하는 허블 우주망원경에는 그의 이름이 새겨져 있지요.

02. 11

세계 여성 과학인의 날

International Day of Women and Girls in Science

매년 2월 11일은 세계 여성 과학인의 날입니다. 2015년 12월 22일 유엔(UN) 총회에서 과학 분야 내 성별 불평등을 없애고, 과학계 진출에 동등한 참여 기회를 제공하기 위해 지정한 날입니다. 그동안 여성들이 과학 현장에서 소외되어 왔음을 인정하고, 앞으로 여성들이 과학기술 분야에 동등하게 참여하여 연구자로서 충분한 능력을 발휘할 수 있도록 노력한다는 데 합의했습니다.

조슬린 벨 버넬   마리 퀴리   이렌 졸리오퀴리   베라 루빈

11. 19

암석의 순환

Cycle of Rocks

암석은 오랜 시간에 걸쳐 순환을 되풀이합니다. 퇴적물이 굳어 퇴적암이 되고, 퇴적암은 지하 깊은 곳에서 열과 압력을 받아 변성암이 됩니다. 더 높은 열을 받으면 녹아서 마그마가 되고, 마그마가 식어 굳으면 화성암이 되지요. 지표면에 노출된 암석은 비와 바람에 깎이고 부서지고 운반되어 쌓인 후 굳어서 다시 퇴적암이 됩니다.

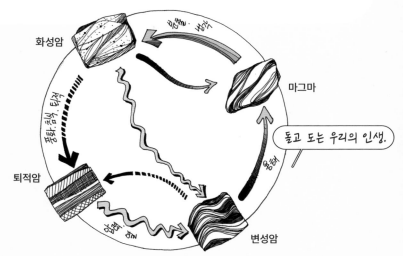

화성암

마그마

돌고 도는 우리의 인생.

퇴적암

변성암

02. 12

찰스 다윈

Charles Darwin(1809~1882)

영국의 생물학자 다윈은 1859년 펴낸 《종의 기원》에서 생물의 진화론을 내세우며, 코페르니쿠스의 지동설만큼이나 세상을 놀라게 했습니다. 지구의 모든 생물체는 신에 의해 창조된 것이라는 당시의 생각을 뒤집었기 때문입니다.

섬마다 미묘하게 등딱지 모양이 다른데, 각각 독자적으로 진화한 결과 아닐까?

부담스러워라….

Pinta

Isabela

Hood

11. 18

조지 월드

George Wald(1906~1997)

미국의 생화학자로, 비타민 A과 망막의 상관관계를 연구했습니다. 당근, 호박 등에 풍부한 카로틴이 우리 몸에 들어와 레티날이 되고, 레티날은 우리 눈이 빛을 받아들이는 기능을 합니다. 사람은 레티날을 직접 합성하지 못하기 때문에 몸속에서 비타민 A로 변하는 카로틴을 섭취해야 하지요.

비타민 A가 부족하면 야맹증이 생기는 이유도 이 때문입니다.

02. 13

자연선택

Natural Selection

주어진 환경에서 번식하지 못하는 종은 자연스럽게 도태되고, 생존에 유리한 성질을 가진 종들이 자신의 성질을 후대로 전달하며 생태계에 널리 퍼진다는 이론입니다. 다윈 진화론의 핵심이 되는 부분입니다.

곤충이나 벌레를 잘 잡는 부리.

작은 씨앗을 으깨기 쉬운 작은 부리.

굶어 죽기 싫으면 잘 진화하자고!

11. 17

격변설

Catastrophism

현재의 지구는 오래전 어느 시점 갑작스런 천재지변으로 격렬한 변화를 겪으며 형태가 달라졌고, 그때마다 거의 모든 생물이 멸종했으며 절대자가 다시 생물을 창조했다는 이론입니다. 현재 과학계는 동일과정설을 기반으로 격변설을 일부 받아들여 지구의 역사를 설명합니다.

예를 들어 노아의 홍수랄까?

02. 14

에니악

ENIAC

1946년 오늘, 최초의 컴퓨터라고 할 수 있는 에니악이 완성되었습니다. 제2차 세계대전 중 미 육군의 의뢰를 받아 개발된 에니악은 30톤짜리 공학용 계산기로, 원래 목적인 포탄의 탄도 계산뿐만 아니라 우주선과 일기예보 연구 등에도 사용되었습니다.

11. 16

동일과정설

Uniformitarianism

현재 지구에서 일어나고 있는 지질, 생물 등의 자연 현상은 과거에도 똑같은 과정과 속도로 일어났고 계속 반복된다는 것으로, 현재의 현상을 이해하면 오랜 지구의 역사와 변화의 모습을 알 수 있다는 주장입니다. 제임스 허턴이 주창하고 찰스 라이엘이 확산한 이론으로서, 격변설과 반대되는 내용입니다.

모든 지질학적 순환 과정은 지금도 계속 진행 중이다!

02. 15

갈릴레오 갈릴레이

Galileo Galilei(1564~1642)

갈릴레이는 이탈리아의 수학자이자 천문학자로, 코페르니쿠스의
지동설을 지지했으며, 손수 망원경을 만들어 여러 천체를 관측하며
지동설에 관한 다양한 증거를 수집했습니다. 또한 행성과 별의 운
행뿐만 아니라 지상의 모든 물질에 적용할 수 있는 보편적인 법칙
을 찾고자 했고, 자유낙하와 관성에 관한 창의적인 실험으로 물리
학의 기초를 다졌습니다.

11. 15

《지질학의 원리》

Principles of Geology

1830년부터 1833년까지 총 3권으로 출간된 라이엘의 저서입니다. 격변설이 주도하고 있던 당시 지질학계의 분위기를 동일과정설로 바꾸는 데 결정적 역할을 했습니다. 당대 최신 지질학 연구 결과를 담았을 뿐 아니라, 논리적인 설명과 잘 정리된 글로 대중에게도 큰 관심을 받았지요. 다윈도 이 책을 들고 비글호에 승선했습니다.

02. 16

나일론 특허

Nylon Patents

1937년 오늘, 미국 화학자 월리스 캐러더스가 나일론 미국 특허를 냈습니다. 나일론은 1939년 뉴욕 세계박람회장에서 "공기와 석탄과 물로 만들며 강철보다 강하다"라고 소개되었고, 나일론으로 만든 여성 스타킹은 폭발적인 인기를 얻었습니다. 첫 해에 무려 6,400만 켤레나 판매되었지요.

나일론을 상용화한 듀폰(Dupont)사의 광고. 나일론은 스타킹 같은 의류, 칫솔 등 생활용품 외에도 수술용 실, 자동차와 전기 용품 등에도 다양하게 활용된다.

11. 14

찰스 라이엘

Charles Lyell(1797~1875)

제임스 허턴이 주창한 동일과정설을 확산시킨 영국의 지질학자로, 허턴의 '현재는 과거의 열쇠다'라는 견해를 바탕으로 지질 현상을 연구해 근대 지질학의 토대를 마련했습니다. 신생대를 에오세·마이오세·플라이오세로 나누는 지질연대 구분을 제창하기도 했습니다. 지질학의 아버지로 불립니다.

현재를 통해 아득한 과거로부터의 지구 변화 모습을 떠올릴 수 있답니다.

02. 17

세종 과학 기지 설립

King Sejong Station

1988년 오늘, 대한민국은 남극의 킹조지섬에 세종 과학 기지를 세워 지구의 날씨 변화와 남극 빙하의 움직임, 남극의 얼음, 우주과학 등을 연구하고 있습니다. 2014년 2월 12일에는 남극 대륙 안쪽에 두 번째 기지인 장보고 과학 기지가 설립되었습니다.

11. 13

최초의 인공 눈

The First Artificial Snow

1946년 오늘, 미국의 화학자이자 기상학자인 빈센트 셰이퍼가 비행기에서 구름 위로 드라이아이스를 뿌려 인공 눈을 만드는 실험에 성공했습니다. 눈은 3,000피트가량 떨어지다가 건조한 공기를 통과하면서 증발했지만, 처음으로 만들어진 인공 눈이란 사실은 변하지 않습니다.

02. 18

알레산드로 볼타

Alessandro Volta(1745~1827)

이탈리아의 물리학자 볼타는 아연판과 구리판을 번갈아 쌓고 그 사이마다 소금물에 적신 천을 끼워 넣은 볼타전지를 발명했으며, 이후 전기 연구에 크게 이바지했습니다. 전압의 단위인 볼트(V)는 그의 이름에서 따온 것입니다.

나폴레옹이 내 전기 실험을 보고 깜짝 놀랬다니까.

11. 12

자크 샤를

Jacques Alexandre César Charles(1746~1823)

프랑스의 발명가이자 물리학자로, 1787년 샤를의 법칙을 발견했습니다. 압력이 일정할 때 기체의 온도가 올라가면 그 부피는 증가하고, 기체의 온도가 내려가면 그 부피는 감소한다는 법칙입니다. 열기구의 이착륙 방법이 대표적인 예인데, 샤를은 최초 유인 수소 풍선을 설계하기도 했답니다.

550m 상공까지 올라가서 2시간 넘게 비행했지.

02. 19

니콜라우스 코페르니쿠스

Nicolaus Copernicus(1473~1543)

코페르니쿠스는 폴란드의 천문학자로, 《천체의 회전에 관하여》를 통해 지동설을 주장했습니다. '태양을 중심으로 지구를 포함한 행성들이 공전한다'는 그의 혁신적인 생각이 과학의 무대에 일으킨 파장은 거대했습니다. 비록 원 궤도와 등속운동은 이후 케플러에 의해 수정되었지만, 코페르니쿠스가 남긴 업적과 과제는 올바른 천체 탐구를 위한 시금석이 되었습니다.

11. 11

초신성 관측

Tycho Brahe Supernova

1572년 오늘, 튀코 브라헤가 카시오페이아자리에서 '튀코 초신성'이라고 불리게 될 '초신성'을 역사상 처음으로 관측했습니다. 초신성이란 별이 진화의 최종 단계에서 대폭발을 일으켜 밝기가 태양의 수억 또는 100억 배에 달하는 신성을 말합니다.

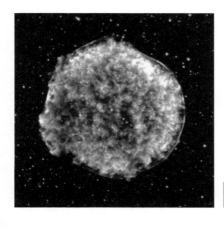

적외선과 가시광 데이터를 합쳐
만든 튀코 초신성의 이미지.

02. 20

《천체의 회전에 관하여》

On the Revolutions of the Heavenly Spheres

1543년 뉘른베르크에서 출간된 코페르니쿠스의 책으로, 지동설의 원전으로 평가받습니다. 코페르니쿠스는 이 책에서 지구가 자전축을 중심으로 돌고, 1년을 주기로 태양 주변을 공전하며, 지축이 이동한다는 사실을 밝혔습니다.

내 평생을 바친 연구였지.

11. 10

로버트 이네스

Robert T. A. Innes(1861~)

영국 태생의 남아프리카 천문학자로, 1915년 태양에서 가장 가까운 항성인 프록시마 센타우리를 발견했습니다. 또한 그는 쌍성을 1,600개 넘게 발견하기도 했는데, 쌍성이란 두 개 이상의 항성이 서로 짝을 이뤄 공전하는 천체를 말합니다. 단독으로 존재하는 태양과 달리, 우주의 별 대부분이 쌍성의 형태로 존재합니다.

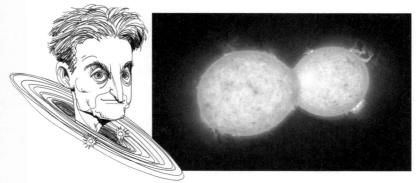

접촉쌍성은 항성 사이의 거리가 너무 가까워 표면이 서로 접촉하거나 융합하여 가스의 외층을 공유한다.

02. 21

별의 밝기

Magnitude

별의 밝기는 별까지의 거리의 제곱에 반비례합니다. 별에서 나온 빛이 사방으로 퍼지기 때문에 멀어질수록 단위 면적에 도달하는 양이 줄어들기 때문이죠. 한편 겉보기등급(눈에 보이는 밝기), 절대등급(실제 밝기)으로 별의 밝기를 나타내기도 합니다. 가장 밝은 별을 1등성, 가장 어두운 별을 6등성으로 분류하지요.

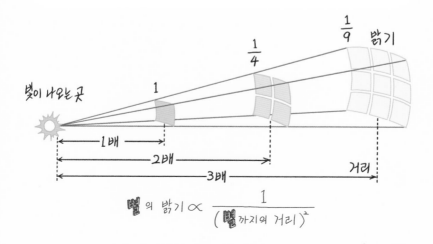

$$별의 밝기 \propto \frac{1}{(별까지의 거리)^2}$$

11. 09

데이비 램프

Davy Lamp

1815년 오늘, 영국의 화학자이자 발명가 험프리 데이비가 광부들의 안전을 위해 램프를 발명했습니다. 횃불 때문에 탄광 안에서 매일 폭발의 위험에 시달린다는 광부들의 사연을 듣고 만든 것으로, 촘촘한 금속철망으로 불꽃의 열기를 흡수해 인화성 기체의 발화점보다 낮은 온도를 유지하게끔 만든 일종의 안전등이었습니다.

촛불 4,000개와 맞먹는 밝기!

02. 22

하인리히 헤르츠

Heinrich Hertz(1857~1894)

물리학자 하인리히 헤르츠는 공기 중에 전자기파가 존재한다는 사실을 증명했습니다. 이후 라디오와 텔레비전 방송, 각종 전자기기에 전자기파가 사용되면서 무선통신 시대가 열렸습니다. 오늘날 전파를 포함한 모든 파장의 주파수 단위를 '헤르츠'라고 부르지요.

11. 08

에드먼드 핼리

Edmon Halley(1656~1742)

영국의 천문학자로, 자신이 목격한 1682년의 혜성이 1456년, 1531
년, 1607년의 것과 같은 혜성으로, 75~76년을 주기로 지구에 접근
하는 혜성임을 알아냈습니다. 그는 이 혜성이 1759년 3월 다시 목
격될 거라 했고, 그 예측은 실제로 일어났지요. 그의 업적을 기리는
의미로 이 혜성을 '핼리 혜성'이라 부르게 되었습니다.

2061년이 되어서야 핼리 혜성을 볼 수 있답니다.

02. 23

방사선

Radioactive Ray

원자 속 원자핵은 양성자와 중성자의 비율에 따라 안정적이기도 불안정적이기도 합니다. 그중 우라늄처럼 원자번호가 큰 원자는 원자핵 속에 양성자 개수가 많으므로 불안정한데, 이런 원자는 여러 종류의 입자와 빛을 방출하면서 안정적인 원자핵을 만드려는 성질이 있습니다. 이때 나오는 입자나 빛이 바로 방사선입니다.

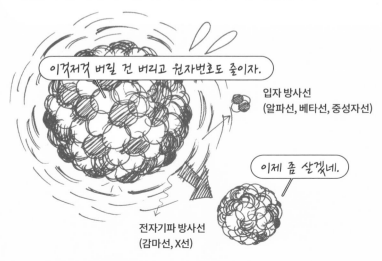

이것저것 버릴 건 버리고 원자번호도 줄이자.

입자 방사선
(알파선, 베타선, 중성자선)

이제 좀 살겠네.

전자기파 방사선
(감마선, X선)

11. 07

마리 퀴리

Marie Curie(1867~1934)

프랑스의 물리학자이자 화학자로, 우라늄의 성질을 연구하던 중 방사성원소 폴로늄과 라듐을 발견하고, 방사능의 특성을 규명했습니다. 이 공로로 1903년 스승 베크렐, 남편 피에르와 함께 노벨 물리학상을 받았습니다. 1910년에는 전기분해로 순수한 금속 상태의 라듐을 추출해 내며, 이듬해 노벨 화학상을 받았습니다.

다른 분야의 노벨상을 두 번 받은 건 내가 처음이었어.

02. 24

베크렐선

Becquerel Rays

1896년 오늘, 앙투안 앙리 베크렐이 처음으로 방사선을 발견했습니다. 어느날 빛이 들지 않는 곳에 둔 광물에서 미지의 광선이 나온 흔적을 보았던 거죠. '베크렐선'이라고 이름 붙인 이 광선은 우라늄 원자핵이 붕괴하며 방출된 방사선이었습니다. 당시 베크렐 연구실의 학생이었던 마리 퀴리는 이 현상을 파고들어 방사성원소와 방사능 연구의 선구자가 되었답니다.

11. 06

지구 대기의 생성

Atmosphere

지구 생성기에는 메테인, 암모니아, 수증기 등으로 구성된 원시 대기가 지구를 둘러싸고 있었습니다. 태양열이 수증기를 산소와 수소로 분리하고 암모니아에서 질소를 분리하자, 산소가 메테인과 반응해 이산화탄소와 물이 생성되었습니다. 오늘날 대기 중 약 21%를 차지하는 산소의 대부분은 광합성을 하는 남조류 같은 생물이 출현한 후 생긴 것입니다.

02. 25

피버스 레빈

Pebus Levene(1869~1940)

러시아계 미국 생화학자로, DNA와 RNA 같은 '핵산'의 구조와 기능을 연구했습니다. 레빈은 핵산이 네 종류의 염기를 갖는 뉴클레오타이드로 구성되어 있다는 사실과, 인산을 통해 여러 개의 뉴클레오타이드가 연결된다는 사실을 밝혀냈습니다.

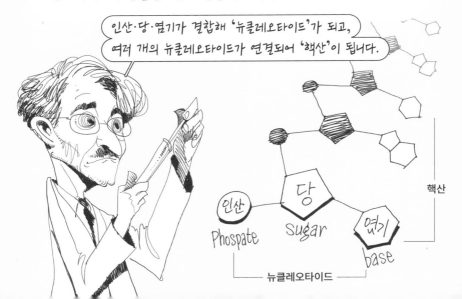

인산·당·염기가 결합해 '뉴클레오타이드'가 되고, 여러 개의 뉴클레오타이드가 연결되어 '핵산'이 됩니다.

인산
Phospate

당
sugar

염기
base

핵산

뉴클레오타이드

11. 05

레옹 테스랑 드 보르

Léon Teisserenc de Bort(1855~1913)

프랑스의 기상학자로, 1896년 파리 교외에 사립 기상관측소를 세우고 연과 기구를 띄워 오늘날 대류권과 성층권의 경계면으로 알려진 고도 8~12km의 대기를 관측했습니다. 1902년에 그 결과를 발표했는데, 비슷한 시기에 연관 내용을 발표한 독일의 리처드 아스만과 함께 성층권 발견자로 인정받고 있습니다.

성층권은 자외선을 흡수하는 오존이 밀집해 있어서, 대류권과 달리 올라갈수록 따뜻해져요.

Léon Teisserenc de Bort

02. 26

핵산

Nucleic Acid

핵산은 여러 개의 뉴클레오타이드로 이루어진 긴 사슬 모양의 고분자유기물입니다. 지구상에 있는 모든 생물의 세포에서 유전정보를 저장하고 전달하는 역할을 하죠. DNA와 RNA라는 두 가지 다른 형태가 있는데, DNA는 유전정보를 저장하고 RNA는 그 정보를 기반으로 단백질 합성에 관여합니다.

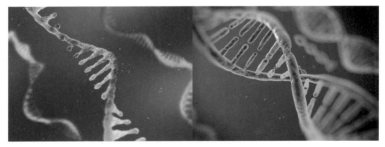

RNA와 DNA의 상상도. 한 가닥으로 이루어진 RNA는 이중 나선 구조인 DNA에 비해 덜 안정적이지만, 스스로 접혀 입체 구조를 이루기도 한다.

11. 04

《네이처》 창간

'Nature' publish the first issue

1869년 오늘, 세계에서 가장 오래되고 저명한 과학 학술지 《네이처》가 처음 발간되었습니다. 영국의 천문학자 조지프 로키어가 창간했으며, 물리학·화학·생물학·우주과학·의학 등 과학 전 분야를 다루는 권위 있는 학술지로 평가받고 있습니다.

1869년 11월 4일 발행된 《네이처》 창간호 1면.

02. 27

DNA

Deoxyribo Nucleic Acid

성인의 인체는 약 30조 개의 세포로 구성되어 있고, 세포는 핵과 세포질로 이루어집니다. 핵에는 46개의 염색체가 들어 있는데, 바로 이 염색체를 만드는 것이 DNA입니다. DNA는 평소에는 단백질과 결합한 실 같은 형태(염색사)로 존재하다가 세포 분열기에 서로 엉키고 뭉쳐 염색체가 되지요.

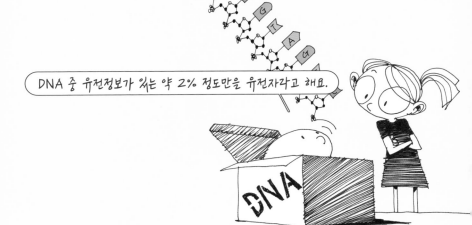

DNA 중 유전정보가 있는 약 2% 정도만을 유전자라고 해요.

11. 03

냉동식품

Frozen Food

바쁜 현대인에게 없어선 안 될 냉동식품의 아이디어는 알래스카의 이누이트로부터 시작되었습니다. 미국의 박물학자 클래런스 버즈아이는 출장으로 떠난 알래스카에서 갓 잡은 생선을 냉동하는 모습을 보고 돌아와 1925년 급속 냉동 기술을 개발했습니다. 영하의 기온에서 식품을 냉동해 세포조직의 손상 없이 보관하는 방법으로, 현대인의 식생활을 혁명적으로 바꿔놓았습니다.

1950년대 버즈아이 냉동 완두콩 광고.

02. 28

DNA 이중 나선 구조

The Double Helix

1953년 오늘, 제임스 왓슨과 프랜시스 크릭은 DNA의 구조가 이중 나선 구조임을 규명했습니다. 인산과 당이 등뼈를 이루고, 안쪽에 네 종류의 염기가 손을 잡듯 결합하여 쌍을 이루죠. 생명의 비밀을 푸는 열쇠, DNA의 이중 나선 구조 발견은 20세기 생명과학계의 최대 사건이었습니다.

DNA 모형 앞에 서 있는
제임스 왓슨과 프랜시스 크릭.

11. 02

대륙이동설의 근거

Evidence for Continental Drift

베게너는 고생대와 중생대에 존재했던 '판게아'라는 초대륙이 오늘날 7개의 대륙으로 나뉘게 되었다고 주장했습니다. 그 근거로 대서양을 사이에 둔 대륙의 해안선이 일치한다는 점, 떨어진 대륙에서 유사한 지질학적 특성이 발견되고 석탄층이나 사막, 동식물 등의 분포가 이어진다는 점 등을 들었지요.

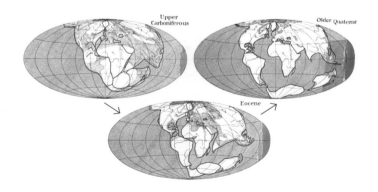

02. 29

윤년

Leap Year

2월 29일이 있는 해를 윤년이라고 합니다. 지구가 태양을 한 바퀴 도는 공전 주기가 365.2422일이기 때문이지요. 그렇게 매년 남는 0.2422일을 모아 4년마다 2월에 하루를 더하게 되었습니다. 윤년 이 있는 해는 한 해가 366일이 됩니다.

11. 01

알프레트 베게너

Alfred Wegener(1880~1930)

독일의 기상학자이자 지구물리학자로, 원래 하나의 큰 대륙이 중생대 초부터 분리, 이동해 지금과 같이 여러 대륙으로 흩어졌다는 대륙이동설을 주장했습니다. 17세기 프랜시스 베이컨 등도 모든 대륙이 하나로 연결되어 있었다는 생각을 제기했지만, 지질학적 증거를 수집해 과학적으로 설명한 사람은 베게너가 처음이었습니다.

퍼즐처럼 딱 맞잖아?

Alfred Wegener

3월

"우리가 창조해 낸 세계는
곧 우리가 생각하는 과정이다.
우리의 생각을 바꾸지 않고서 세계는 변화하지 않는다."

— 알베르트 아인슈타인

11월

"삶에서 무서워할 것은 없다. 단지 이해할 것만이 존재한다."

— 마리 퀴리

03. 01

질량 보존의 법칙

Law of Conservation of Mass

물질은 갑자기 생기거나 없어지지 않고 그 형태만 변하여 존재한다.

물체는 고체, 액체, 기체 중 어떤 상태가 되어도 본래 가지고 있던 질량은 변하지 않는다는 법칙으로, 화학의 기본이 되는 중요한 법칙입니다. 프랑스의 과학자 라부아지에가 발견했습니다.

10. 31

바티칸의 지동설 인정

Galileo & the Vatican

1992년 오늘, 바티칸 교황청이 지동설을 주장한 갈릴레오 갈릴레이를 359년 넘게 정죄한 잘못에 대해 공식적으로 인정했습니다. 각 분야 학자들로 구성된 교황청의 조사위원회가 13년간의 조사 끝에 갈릴레이에게 '무죄' 판결을 내린 것입니다. 갈릴레이는 지동설을 주장한 죄로 1633년 로마의 종교재판소에서 회개를 강요당했고, 생애의 마지막 8년을 가택연금된 채 보내야 했습니다.

03. 02

세마포어 통신 시스템

Semaphore Telegraph

세마포어 통신 시스템은 주로 높은 탑을 활용해 시각 정보를 주고 받는 원거리 통신 시스템입니다. 가장 널리 활용된 시스템은 프랑스의 클로드 샤페가 발명한 것으로, 탑 꼭대기에 설치한 나무 깃대를 움직여 몇 km 떨어진 탑으로 신호를 보내는 방식이었습니다. 1791년 오늘, 파리 인근 16km 거리의 두 탑 사이에서 처음으로 문장을 보내는 데 성공했습니다.

샤페의 세마포어 구조(왼쪽)와 19세기 시연 장면(오른쪽).

10. 30

플로지스톤설

Phlogiston Theory

18세기 후반까지 과학자들은 불이 날 때 물질 속 '플로지스톤'이라는 가상의 원소가 방출된다고 생각했습니다. 공기 중의 산소는 연소 과정에서 점점 줄어드는데, 당시엔 반대로 물질이 탈수록 주변의 공기가 늘어난다고 생각했던 것이지요. 독일의 화학자 게오르크 슈탈이 세운 플로지스톤설은 수많은 과학자들의 주목을 받다가, 라부아지에가 산소를 발견하고 연소 이론을 정립하면서 비로소 부정되었습니다.

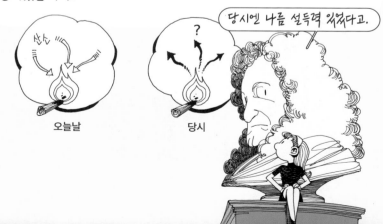

오늘날

당시

03. 03

목성형 행성

The Jovian Planet

태양계 안에 있는 8개 행성은 지구형 행성과 목성형 행성으로 분류
됩니다. 그중 목성형 행성인 목성, 토성, 천왕성, 해왕성은 크기가
크고 밀도가 작으며 자전 주기가 짧지요. 딱딱한 암석으로 형성된
지구형 행성과 달리 수소나 헬륨 같은 가벼운 기체가 주성분인 이
행성들은 우주선이 착륙할 수 없습니다.

10. 29

최초의 인터넷망 연결

ARPANET

1969년, 미국 국방부는 흩어져 있는 값비싼 컴퓨터의 정보를 효율적으로 이용하고 전쟁 같은 비상사태에 대비하기 위해 주요 대학과 연구소, 국방부의 컴퓨터 시스템을 연결하는 프로젝트를 시작했습니다. 그리고 이해 10월 29일 4대의 컴퓨터를 연결하는 데 성공했고, 그 네트워크 '아파넷'은 현재 인터넷의 원형이 되었습니다.

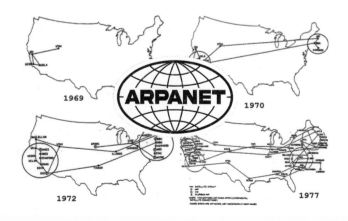

03. 04

조지 가모프

George Gamow(1904~1968)

소련에서 미국으로 귀화한 이론물리학자 가모프는 우주와 은하를 구성하는 물질의 기원을 추적했습니다. 초기 우주의 모습을 처음으로 계산했지요. 팽창우주론을 발전시킨 그는 우주가 수십억 년 전에 한 점에서 폭발하여 팽창하기 시작했다는 빅뱅이론을 주장했습니다.

우리 출생의 비밀을 파헤치셨다 그 말이군.

10. 28

미생물

Microorganism

미생물이란 눈으로는 볼 수 없는 아주 작은 생물을 의미합니다. 17세기 안톤 판 레이우엔훅이 미시 세계를 관찰하며 본격적으로 미생물 연구가 시작되었지요. 35억 년 전 탄생하여 진화해 온 미생물은 세균, 바이러스, 진균, 원생동물 등을 포함하며, 유전적, 생태학적으로 매우 다양한 특징과 성질을 가지고 있습니다.

먼리 보는 것보다 가까이 보는 게 더 만만치 않을걸?

03. 05

원자가

Valence

원자는 화학적 결합을 통해 분자나 화합물을 만드는데, 이때 원자마다 결합에 참여하는 전자의 개수가 다릅니다. 이 개수를 '원자가'라고 합니다. 예를 들어 수소 원자는 전자를 하나 가지고 있고, 이 전자가 결합에 직접 참여하므로 원자가는 1이지요.

나 영국의 화학자 에드워드 프랭클랜드가 내놓은 개념이죠.

H

Sir Edward Frankland

10. 27

광속 불변의 원리

Principle of Constancy of Light Velocity

'광속, 즉 빛의 속도는 변하지 않는다'는 언뜻 간단해 보이는 아인슈타인의 이론이 세상을 뒤집어 놓았습니다. 광속을 고정시킨다는 것은 곧 시간과 공간이 변한다는 뜻이기 때문입니다. 절대적 기준이었던 시공간의 개념을 바꿔버린 광속 불변의 원리는 아인슈타인이 1905년에 발표한 특수상대성이론의 기초이자 현대물리학의 기반이 되는 원리입니다.

관찰자가 빛으로부터 멀어져도,
빛을 향해 돌진해도, 빛은 항상 같은 속도로 움직인다는 소리야.

30만km/s

03. 06

주기율표 완성

Periodic Table

1869년 오늘, 러시아의 화학자 멘델레예프가 당시 알려져 있던 63 개의 원소를 규칙에 따라 나열한 주기율표를 완성했습니다. 그는 놀이용 카드를 분류하다가 주기율표를 생각해 냈다고 합니다. 원소 도 카드처럼 숫자와 성질에 따라 나누어 보기로 한 것이지요.

현대 화학의 나침반이라고 할 수 있지.

10. 26

특수상대성이론의 탄생

Theory of Special Relativity

1946년 오늘, 아인슈타인이 미국의 물리학자 루트비크 실버스타인에게 세계에서 가장 유명한 공식 중 하나가 될 방정식을 편지에 적어 보냈습니다. 바로 'E=mc²'입니다. 질량과 에너지가 사실상 동등하며 상호 교환될 수 있음을 뜻하는 공식으로, 9년 뒤인 1905년 9월 26일 세상에 나올 특수상대성이론의 유명한 공식이지요.

> 광속(c)은 변하지 않는 상수이기 때문에,
> 사실상 질량과 에너지가 같다는 뜻이에요.

에너지 질량 광속

03. 07

목성의 고리

Jupiter's Ring

1979년 오늘, 보이저 2호가 목성에서 고리를 발견했습니다. 1610년 토성, 1977년 천왕성에 이어 세 번째로 발견된 고리였는데, 두 행성보다 지구에 더 가까운 목성에서의 발견이 늦었던 이유는 고리의 밝기가 목성보다 100만 분의 1정도로 희미하고 밀도가 낮기 때문입니다.

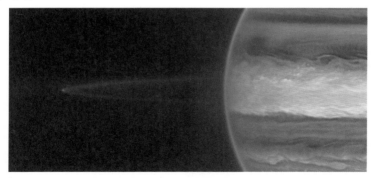

| 제임스웹 우주망원경이 2022년에 관측한 목성의 고리.

10. 25

토성의 위성

Iapetus, a Moon of Saturn

1671년 오늘, 프랑스의 천문학자 조반니 카시니가 토성의 위성 하나를 발견했습니다. 이아페투스란 이름이 붙은 이 위성은 확인된 토성의 위성 중에서 타이탄, 레아에 이어 세 번째로 큽니다. 표면의 한쪽 면은 빛을 잘 반사하는 얼음으로 되어 있고 다른 면은 먼지로 덮여 있어서, 각각의 면이 하얗고 까맣게 보입니다.

Giovanni Domenico Cassini

03. 08

목성의 대적점

Great Red Spot

목성에서 붉은색으로 보이는 타원형의 긴 반점인 대적점은 1600년
대부터 소용돌이쳤을 거라 추정되는 거대한 소용돌이 구름입니다.
1979년 관찰 당시 지구의 5배에 달하던 대적점은 2017년 기준 지
구의 1.3배로, 그 크기가 꾸준히 줄어들고 있습니다.

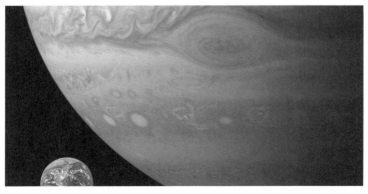

2000년경 지구와 대적점의 크기를 비교한 사진.

10. 24

안톤 판 레이우엔훅

Antoni van Leeuwenhoek(1632~1723)

네덜란드의 현미경학자로, 고배율현미경을 직접 만들어 눈으로 볼 수 없는 미생물의 존재를 밝히며 미시 세계를 본격적으로 탐험했습니다. 그의 관찰 대상은 빗방울이나 연못의 물, 더러운 똥에 이르기까지 무궁무진했고, 덕분에 그는 단세포생물, 세균, 효모, 사람의 정자 등을 처음으로 관찰한 인물이 되었습니다.

03. 09

보이저 계획

Voyager Program

태양계 외곽의 목성형 행성을 탐사하기 위한 미국의 계획으로,
1977년 8월에 보이저 2호, 9월에 보이저 1호를 발사했습니다.
1980년부터 토성, 천왕성, 해왕성에 차례로 접근했습니다. 현재는
태양계를 벗어나 우주를 여행 중인데, 도중에 만날지도 모를 외계
인에게 전달하기 위해 '지구의 소리'를 탑재하고 있습니다.

보이저호와 태양계의
목성형 행성.

10. 23

길버트 뉴턴 루이스

Gilbert Newton Lewis(1875~1946)

미국의 물리화학자로, 옥텟 규칙을 통해 이온결합을 설명하고, 원자들이 전자를 내놓아 전자쌍을 만들고 이를 공유한다는 이론을 제시하여 공유결합에 대한 이해를 높이는 데 결정적인 역할을 했습니다. 열역학의 기초를 마련한 학자이기도 합니다.

자연 상태의 거의 모든 원소는 결합을 이룬 화합물 형태로 존재하지요.

03. 10

마르첼로 말피기

Marcello Malpighi(1628~1694)

이탈리아의 생물학자 마르첼로 말피기는 해부학에서 처음으로 현미경을 사용한 현미해부학의 창시자입니다. 1661년에 모세혈관의 존재를 밝혀냄으로써 심장에서 각 기관으로 퍼진 동맥혈이 정맥혈이 되어 심장으로 돌아온다는 혈액순환론을 증명했습니다.

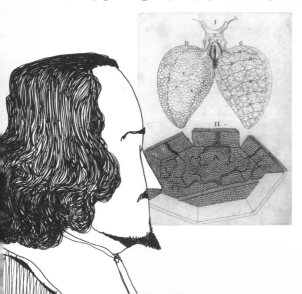

1661년 말피기가 발표한 논문 속 삽화. 개구리의 폐를 해부해 관찰한 내용으로, 폐포와 모세혈관, 폐동맥과 폐정맥이 그려져 있다.

10. 22

옥텟 규칙

Octet Rule

주기율표에서 '족'은 원자의 가장 바깥 껍질에 있는 전자 개수를 나타냅니다. 원자 대부분은 이 전자 수가 8개일 때 안정되는데, 이러한 화학 규칙을 옥텟 규칙이라고 합니다. 원자는 여러 화학결합으로 전자를 잃거나 얻음으로써 가장 바깥 전자를 8개로 만들어 안정한 상태에 이르려 하지요.

03. 11

자연 원소

Naturally Occurring Elements

자연에 존재하는 원소는 모두 92종입니다. 그중 원자번호 26번 철 (Fe)까지는 태양과 같은 별에서 일어나는 수소의 핵융합 반응으로 생성됐고, 철보다 무거운 자연 원소들은 모두 초신성과 같은 엄청 난 폭발 과정에서 생성된 후 우주 공간으로 흩어졌다가 다시 뭉쳐 져 46억 년 전에 지구로 진화했습니다. 자연 원소 중 원자번호 92 번 우라늄(U)이 가장 무겁습니다.

10. 21

백열전구

Edison's Light Bulb

1879년 오늘, 토머스 에디슨은 1,000회 이상의 실험을 거듭한 끝에 탄소 필라멘트를 사용하여 40시간 이상 빛을 내는 백열전구를 개발했습니다. 사업가적 수완이 뛰어났던 그는 여기에서 멈추지 않고 자신의 전구를 실용화하기 위해 전기 산업 전반에 본격적으로 뛰어들었습니다.

03. 12

인공 원소

Synthetic Element

자연에 존재하지 않으며, 가속기나 원자로를 이용해 인공적으로 만드는 원소를 말합니다. 최초의 인공 원소는 1937년 이탈리아에서 만들어진 테크네튬(Tc)입니다. 하지만 인공 원소들은 만들어진 후 곧바로 다른 안정적인 원소들로 붕괴해 버리기 때문에 실생활에 활용될 가능성은 없다고 합니다.

10. 20

금속결합

Metallic Bond

금속 안에 있는 전자들은 금속 양이온 사이를 자유롭게 돌아다니는 성질이 있습니다. 많은 금속 원자가 모이면 전자들이 그 주위를 맴돌며 '전자 바다'를 만들고, 고르게 퍼져 있는 전자와 이온 들이 서로 강력한 결합을 유지하게 됩니다. 금속 결정은 열과 전기 전도율이 높다는 특징이 있습니다.

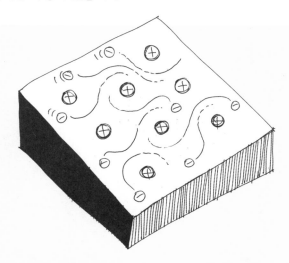

03. 13

《별의 정령》 줄간

Sidereal Messenger

1610년 오늘, 갈릴레이가 망원경으로 천체를 관찰한 결과를 담은 《별의 정령》이 출간됐습니다. 특히 달의 표면이 울퉁불퉁하고 목성에도 4개의 달이 있다는 내용은, 기존의 우주관을 정면으로 반박하는 것이었습니다. 그동안 지상계와 천상계의 경계로서 달은 매끈하고 지구에만 유일하게 존재하는 것으로 여겨져 왔기 때문입니다.

코페르니쿠스의 지동설이 옳다는 걸 보여주는 증거들이죠.

10. 19

공유결합

Covalent Bond

화학결합의 하나로, 원자들이 전자쌍을 공유하는 형태로 결합하는 것입니다. 예를 들어 수소와 산소 분자는 각각 전자를 내놓아 전자쌍을 만들고, 이 전자쌍을 공유하는 형태로 결합하여 형성된 분자입니다.

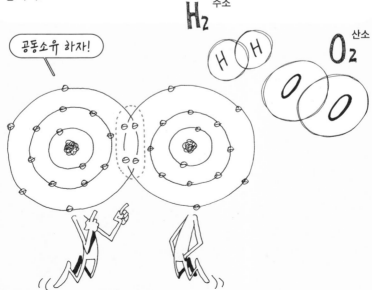

03. 14

알베르트 아인슈타인

Albert Einstein(1879~1955)

아인슈타인은 미국의 이론물리학자로, 특허국 직원으로 일하면서 1905년 한 해에만 '특수상대성이론'을 포함한 세 가지의 놀라운 이론을 발표하며 세상을 깜짝 놀라게 했습니다. 그는 변하지 않는다고 믿어온 시간과 공간에 대한 개념을 바꿔놓으며 과학계를 송두리째 흔들어 놓았습니다.

10. 18

이온결합

Ionic Bond

분자나 화합물이 만들어지기 위해 원자들이 결합하는 일을 화학결합이라 하는데, 그중 이온결합은 전기적 성질이 반대인 양이온과 음이온이 정전기적 힘에 의해 결합하는 것을 말합니다. 대표적으로 소금은 나트륨 양이온과 염소 음이온이 결합하여 형성된 결정입니다.

03. 15

지구형 행성

The Terrestrial Planet

지구형 행성인 수성, 금성, 지구, 화성은 목성형 행성보다 크기가
훨씬 작습니다. 철 같은 무거운 원소와 단단한 암석으로 이루어져
있고, 자전 속도가 느리며 위성의 수도 적지요. 대기는 이산화탄소,
질소, 산소 등을 주성분으로 하지만 그 층이 얇거나, 혹은 대기를
거의 가지고 있지 않는 행성도 있습니다.

수성

금성

지구

화성

10. 17

원자모형의 변화

Atomic Models

원자에 대한 새로운 사실이 밝혀질 때마다 원자모형은 계속해서 변화해 왔습니다. 쪼개지지 않는 최소 단위로서 원자를 묘사한 '돌턴 모형'부터 전자가 발견된 이후의 '톰슨 모형', 원자핵이 발견된 이후의 '러더퍼드 모형', 전자가 특정 궤도를 도는 '보어 모형', 전자의 위치를 정확히 알 수 없는 '전자 구름 모형'까지 발전했지요.

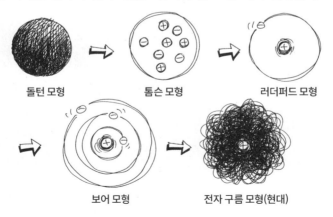

돌턴 모형   톰슨 모형   러더퍼드 모형

보어 모형   전자 구름 모형(현대)

03. 16

뉴턴역학

Newtonian Mechanics

뉴턴의 운동 법칙을 토대로 완성된 역학으로, 시공간이 변하지 않는다는 조건에서 우리의 일상적인 운동을 설명할 때 적합합니다. 그러나 물체의 빠르기가 빛의 빠르기에 가까울 때는 상대성이론에, 물체의 크기가 원자 규모일 때에는 양자역학에 의존해 설명합니다.

10. 16

오가네손

Oganesson

2006년 오늘, 러시아와 미국의 연구진이 현존하는 가장 무거운 원소의 탄생을 알렸습니다. 캘리포늄이라는 초우라늄 원소에 칼슘을 충돌시켜 만든 인공 원소로, 2015년 말에 현재 주기율표상 마지막인 118번 원소로 인정받았습니다. 반감기가 짧아 빠르게 붕괴하기 때문에 정확한 성질은 알 수 없지만, 방사성 기체이면서 유일하게 반도체 기체일 것으로 추정됩니다.

만들기도 힘들고,
수명도 0.00089초밖에 안 되는 원소예요.

Yuri Oganessian

03. 17

광양자설

Light Quantum Theory

아인슈타인은 상대성이론이 아니라 광양자설로 노벨 물리학상을 받았는데요. 그는 금속 표면에 자외선이나 가시광선을 쬐면 거기서 전자가 튀어나오는 현상을 발견했습니다. 이를 통해 빛은 파동인 동시에 입자라는 점을 뒷받침했지요.

지금 쏘고 있는 특정 빛 입자가 전자랑 충돌하는 거예요.

10. 15

에반젤리스타 토리첼리

Evangelista Torricelli(1608~1647)

이탈리아 수학자이자 물리학자인 토리첼리는 빈첸초 비비아니와 함께 수은을 채운 유리관을 수은 용기 속에 거꾸로 세우면, 유리관 끝에 진공이 생긴다는 사실을 발견했습니다. 17세기까지도 진공의 존재를 두고 많은 과학자들이 옥신각신했지만, '토리첼리의 진공' 으로 비로소 진공의 존재가 증명되었습니다.

Evangelista Torricelli

Vincenzo Viviani

03. 18

브라운 운동

Brownian Motion

미세 입자가 정지해 있는 액체나 기체 속을 불규칙하게 운동해 나가는 것을 말합니다. 1827년 물에 띄운 꽃가루 입자가 물 위를 끊임없이 불규칙적으로 돌아다니는 모습을 현미경으로 관찰하던 식물학자 로버트 브라운은, 곱게 빻은 유리나 금속 같은 무기물도 비슷한 운동을 한다는 사실을 알아냈습니다.

Robert Brown

몰래 뀐 방귀 냄새가 퍼지는 것도 브라운 운동의 일종이죠.

Brownian Motion

10. 14

오비탈

Orbital

우리가 보통 원자구조를 그릴 땐, 원자 중심에 원자핵이 있고 그 주위 궤도를 도는 전자의 모양을 떠올리지요. 그러나 원자 속 전자는 크기를 측정할 수 없을 만큼 아주 작은 미시 세계에 속해 있어서, 그 위치 역시 정확하게 파악할 수 없습니다. 전자가 존재할 수 있는 위치는 파동 함수(슈뢰딩거의 방정식)라는 확률로만 알 수 있는데, 그 것을 바로 오비탈이라고 합니다.

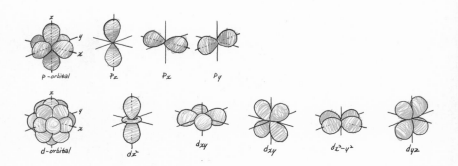

03. 19

최초의 영화 촬영

The First Cinematograph Records

1895년 오늘, 뤼미에르 형제는 자신들이 발명한 '시네마토그라프'로 일을 마치고 공장 문을 나서는 노동자들의 모습을 촬영했습니다. 50초 길이의 이 영상은 최초의 영화로 알려집니다. 같은 해 12월 28일에는 기차를 촬영한 영상을 대중에게 처음 선보였습니다.

| 뤼미에르 형제와 〈공장을 떠나는 노동자들〉의 한 장면.

10. 13

본초 자오선 확정

International Meridian Conference

1884년 오늘, 워싱턴에서 열린 국제자오선회의에서 런던의 그리니치 천문대가 본초 자오선으로 확정되었습니다. 본초 자오선이란 지구상의 경도를 재는 기준으로, 곧 경도 0°가 되지요. 자오선이 통일되기 전인 1880년대까지만 해도 10개가 넘는 본초 자오선이 각국에서 사용되었는데, 프랑스는 1911년까지 파리 자오선을 고집하기도 했습니다.

1884년 국제자오선회의 참가자들.

03. 20

인류세

Anthropocene

인류의 자연환경 파괴나 온실가스 배출, 핵폭발 등으로 지구가 지금까지와는 전혀 다른 환경을 맞이하게 된 시대를 뜻합니다. 마지막 빙하기 이후 1만 1,700년 동안 이어진 '홀로세(Holocene)'가 끝나고 '인류세'라는 새로운 지질 시대에 들어섰다는 것이지요. 네덜란드의 화학자 파울 크뤼천이 2000년에 처음으로 제안했습니다.

10. 12

아스카니오 소브레로

Ascanio Sobrero(1812~1888)

이탈리아의 화학자로, 1846년경 상태가 너무 불안정해 조금만 흔들려도 폭발하는 위험천만한 물질 니트로글리세린을 우연히 발견했습니다. 그는 실험을 중단했지만, 약 30년 뒤 스웨덴의 화학자 알프레드 노벨이 이 니트로글리세린을 규조토에 흡수시켜 안전성을 높인 고체 폭약 '다이너마이트'를 발명했습니다.

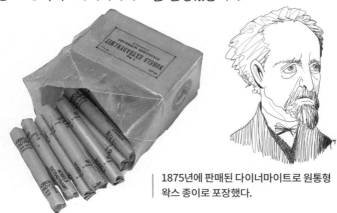

1875년에 판매된 다이너마이트로 원통형 왁스 종이로 포장했다.

03. 21

연소

Combustion

물질이 산소와 만나 발화점 이상의 온도에 달하면 열과 빛을 내며 타는 현상입니다. 하지만 과거의 자연과학자들은 불이 '연소 과정'이 아닌 특정한 물질이라고 여겼고, 활활 타는 불길은 어떤 물질이 빠져나가는 것이라고 생각했습니다.

분명 뭔가가 빠져나가는 것 같은데.

10. 11

레이던병

Leyden Jar

레이던병은 1745년 오늘 독일의 성직자 폰 클라이스트가 발명한 '정전기를 모으는 병'입니다. 얇은 금속판으로 안팎을 감싼 유리병에 끝이 고리 모양인 철사를 꽂고 금속 사슬을 바닥에 드리운 뒤, 대전체를 고리에 갖다 대면 음전하가 병 안에 모이는 원리입니다. 초기 정전기 연구에 유용하게 쓰인 발명품입니다.

> 레이던병이 대중적으로 사용될 만큼 전기에 대한 관심이 폭발적인 시대였지.

Ewald von Kleist

03. 22

로버트 밀리컨

Robert Millikan(1868~1953)

로버트 밀리컨은 1909년 기름방울을 이용한 실험으로 전자의 기본 전하량을 정밀하게 측정하는 데 성공했습니다. 또한 1905년에 아인 슈타인이 세운 광양자설을 반박하고자 10년 넘게 실험을 진행한 끝에 오히려 아인슈타인의 가설을 확증하기도 했습니다.

10. 10

헨리 캐번디시

Henry Cavendish(1731~1810)

영국의 화학자로 수소 기체를 발견하고, 수소가 산소와 결합하면 물이 된다는 사실을 알아냈습니다. 고대 그리스 이래 하나의 원소라고 생각되었던 '물'이 실은 화합물이라는 것을 입증한 위대한 발견이었습니다.

03. 23

헤르만 슈타우딩거

Hermann Staudinger(1881~1965)

플라스틱의 화학적 원리를 처음 밝혀낸 독일의 화학자로, 1920년대 초 고무나 플라스틱 같은 물질이 '작은 단위체가 사슬처럼 결합한 거대한 분자'로 이루어져 있다고 주장했습니다. 실험으로 그 사실이 증명됐고, 그후 플라스틱에 대한 연구가 더욱 활발하고 다양하게 이뤄졌습니다.

Herman Staudinger

동일한 분자가 무려 '수만 개' 이상 이어진 구조입니다.

10. 09

마이스너 효과

Meissner Effect

전류가 흐르는 물체를 특정 온도 이하로 냉각하면, 전기 저항이 0인 초전도체가 되면서 물질 내부의 자기장이 외부로 밀려나는 현상입니다. 초전도체 위에 자석을 놓으면 마이스너 효과로 공중에 뜨게 되죠. 자기부상열차는 이 효과를 응용한 것입니다. 1933년 독일의 물리학자 마이스너가 발견했습니다.

| 마이스너 효과로 공중에 떠 있는 자석.

03. 24

조지프 프리스틀리

Joseph Priestley(1733~1804)

산소를 처음 발견한 사람은 누구일까요? 영국의 성직자이자 화학자였던 프리스틀리는 1774년 산화수은을 수은과 미지의 기체로 분리했습니다. 여기서 얻은 기체가 호흡과 연소에 좋다는 사실을 알아냈지만, 이후 '산소'라고 이름 붙이고 성질을 밝힌 사람은 프랑스의 화학자 앙투안 라부아지에였습니다.

밀폐된 플라스크에 산화수은을 넣고 가열했더니 특별한 공기가 만들어졌어.

그게 산소인 줄은 몰랐지?

10. 08

증기기관차 '로켓'

Locomotive 'Rocket'

1829년 오늘, 훗날 증기기관차의 기본 구조가 된 '로켓'이 영국 기관차 대회에서 우승했습니다. 조지 스티븐슨이 발명한 '로켓'은 최초의 증기기관차는 아니지만, 열 효율을 높이고 혁신적인 개선을 거쳐 최고 시속 40km를 넘길 정도로 뛰어난 성능을 자랑했습니다.

ROCKET !

03. 25

타이탄

Titan

1655년 오늘, 크리스티안 하위헌스가 직접 만든 망원경으로 토성의 위성을 발견했습니다. '타이탄'이라 불리게 된 이 위성은 주황색 대기와 탄화수소로 이루어진 거대한 호수를 갖고 있지요. 태양계에서 지표면에 액체가 있다고 알려진 지구 외의 유일한 천체입니다.

10. 07

닐스 보어

Niels Bohr(1885~1962)

덴마크의 이론물리학자로, 전자와 원자의 성질을 밝히고 양자물리학의 지평을 여는 데 기여했습니다. 그가 새롭게 제시한 원자모형에서는 전자들이 원자핵 주위의 특정 궤도를 따라 돌고, 원자가 에너지를 흡수하거나 방출할 때 전자는 한 궤도에서 다른 궤도로 '점프'하듯 불연속적으로 이동합니다. 이 불연속적인 이동을 설명하기 위해 도입된 것이 바로 양자 개념입니다.

03. 26

태양계의 위성

Moons in the Solar System

위성이란 천체의 주위를 도는 천체입니다. 지구의 위성은 달이지
요. 태양계에는 행성의 주위를 도는 위성이 2023년 8월 기준 약
285개가 관찰됐는데, 그 수는 계속해서 늘어나고 있습니다. 수성
과 금성을 뺀 나머지 행성들은 모두 위성을 가지고 있으며, 목성의
위성인 가니메데는 태양계에서 가장 큰 위성으로 행성인 수성보다
더 크답니다.

목성의 갈릴레이 위성. 95개 위성 중
1610년 갈릴레이가 발견한 4개의 위성이다.
위에서부터 이오, 에우로페, 가니메데, 칼리스토.

10. 06

페가수스자리 51 b

51 Pegasi b

1995년 오늘, 지구에서 50광년 거리에 있는 페가수스자리 51이라는 항성 주변을 공전하는 외계 행성 페가수스자리 51 b가 관측되었습니다. 1992년에 최초로 펄서(중성자별)의 외계 행성을 관측한 바 있지만, 태양과 비슷한 G형 주계열성을 도는 외계 행성으로는 첫 발견이었기에 그 의미가 컸습니다. G형 주계열성의 행성에서 생명체를 발견할 가능성이 가장 크기 때문입니다.

| 항성 페가수스자리 51(오른쪽) 주위를 돌고 있는 행성 페가수스자리 51 b(왼쪽).

03. 27

빌헬름 뢴트겐

Wilhelm Röntgen(1845~1923)

독일의 물리학자 뢴트겐은 우연히 X선을 발견했습니다. 암실에서 실험을 하다가 새어나온 빛을 보고 깜짝 놀란 그는, 그 전파를 여러 가지 물질에 통과시켜 보았습니다. 사람의 몸을 통과할 정도로 강력한 전파를 발견했지만 그 원리는 알 수 없었기에 'X선'이라고 이름 붙였습니다.

10. 05

그레고리력의 시작

Gregorian calendar

1582년 이날 새로운 역법인 그레고리력을 도입한 이탈리아·에스파냐·포르투갈·폴란드가 10월 5일을 건너뛰고 10월 15일을 맞았습니다. 태양이 실제로 춘분점에 오는 날과 당시 사용되던 율리우스력의 날짜가 맞지 않아 달력상으로 열흘을 삭제한 겁니다. 그레고리력은 오늘날 우리가 사용하는 달력입니다.

CALENDARIVM

GREGORIANVM

PERPETVVM.

Orbi Christiano vniuerſo à GREGORIO XIII. P. M. propoſitum. Anno M. D. LXXXII.

GREGORIVS EPISCOPVS

SERVVS SERVORVM DEI

그레고리력의 도입을 발표하는 교황 그레고리우스 13세의 1582년 2월 24일자 칙서.

03. 28

'빅뱅' 이름의 탄생

Who Named it the Big Bang?

1949년 오늘, '우주는 항상 일정한 상태이고 시작도 끝도 없다'는 정상우주론을 주장한 프레드 호일이 영국 BBC의 한 토론 프로그램에 나와 상대편 물리학자를 비아냥거리기 위해 '빅뱅'이란 표현을 썼습니다. 그날부터 '빅뱅'은 대폭발 이론을 가리키는 용어가 되었습니다.

10. 04

스푸트니크호 발사

Sputnik 1

1957년 오늘, 소련이 세계 최초로 인공위성 스푸트니크 1호를 발사하고, 한 달 뒤 다시 2호를 쏘아 올렸습니다. 자국의 과학기술과 군사력이 소련보다 앞서 있다고 생각했던 미국은 큰 충격에 휩싸였고, 1년 뒤 NASA를 설립했지요. 미국과 소련 간에 우주 경쟁이 본격적으로 시작된 것입니다.

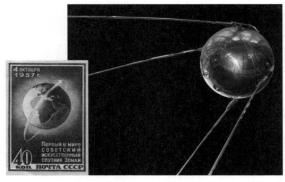

| 스푸트니크 1호의 모형과 발사 성공을 기념해 발행한 소련의 우표.

03. 29

정상우주론

Steady-State Cosmology

1920년대 후반 에드윈 허블이 우주의 팽창을 확인한 이후 우주의 탄생에 관해서 오랫동안 두 가지 주장이 공존했습니다. 그중 하나 가 정상우주론입니다. "우주는 어느 날 생겨난 것이 아니라 원래부 터 존재했고, 앞으로도 그렇게 존재할 것이다"라는 이론이지요.

팽창으로 생기는 빈 공간을 새롭게 생겨나는
은하가 채우면서 영원히 같은 밀도를 유지할 거야.

10. 03

프랭크 팬트리지

Frank Pantridge(1916~2004)

아일랜드의 심장 전문의로, '응급의료의 아버지'로 불립니다. 1965년 심장마비가 오면 조치가 빠를수록 생존율이 높아진다는 연구 결과를 바탕으로 휴대용 제세동기를 개발하여 구급차에 설치했습니다.

| 1970년대 후반 미국에서 판매된 휴대용 제세동기.

03. 30

빅뱅우주론

The Big Bang Theory

우주가 한 점에서 시작되었으며 약 140억 년 전 있었던 거대한 폭
발 이후 끊임없이 팽창하고 있다는 이론입니다. 오랫동안 정상우주
론과 경쟁하다가, 우주대폭발의 증거인 우주배경복사가 발견되면
서 학계의 정설로 받아들여지고 있습니다.

팽창으로 은하들은 서로 점점 멀어져서
밀도가 계속해서 낮아지는 거야.

10. 02

윌리엄 램지

William Ramsay(1852~1916)

영국의 화학자로, 클레베아이트라는 광물에서 헬륨을 분리했습니다. 피에르 장센이 태양의 채층에서 처음 발견한 헬륨은 한동안 지구에는 없는 물질로 여겨져 왔지요. 헬륨은 우주에서 수소 다음으로 흔한 원소이지만, 지구 대기의 0.0005%밖에 차지하지 않습니다. 한편 램지는 네온, 아르곤, 크립톤, 제논, 라돈 등 18족에 속하는 모든 원소를 발견했습니다.

William Ramsay

03. 31

르네 데카르트

René Descartes(1596~1650)

"나는 생각한다. 고로 나는 존재한다." 이 유명한 말을 남긴 데카르트는 모든 사람을 설득할 수 있는 확실한 진리를 찾고 그 위에 학문의 체계를 세우려 했습니다. 참된 지식을 얻기 위해 그는 책에 있는 지식도, 누구나 인정한 수학의 진리도 모두 의심했고, 결국 바로 이의심하는 인간의 이성만이 남는다는 점을 깨달았습니다.

인간은 이성을 통해 능히 자연의 이치를 깨우칠 수 있는 존재이지.

10. 01

인간 게놈 프로젝트

Human Genome Project

1990년 오늘, 인간 게놈 프로젝트가 시작되었습니다. 유전자(gene)와 염색체(chromosome)의 합성어인 게놈은 한 개체의 모든 유전정보를 뜻해 '생물의 설계도'라고 불립니다. 2003년 종료된 이 프로젝트는 인간에게 약 30억 쌍 존재하는 DNA 염기의 배열 순서를 밝히는 작업으로, 생명과학 기술 발전에 기여했습니다.

인간 게놈 프로젝트의 로고(왼쪽)와 이 프로젝트로 밝혀진 인간 유전자 지도의 초안을 처음으로 공개한 2001년 2월 15일자 《네이처》 표지.

4월

"동물에게 존경심을 갖는 것은
우리를 더 나은 인간으로 만들어 준다."

— 제인 구달

10월

"전문가란 매우 협소한 분야에서
저지를 수 있는 모든 실수를 저질러본 사람이다."

— 닐스 보어

04. 01

윌리엄 하비

William Harvey(1578~1657)

윌리엄 하비는 영국의 의학자이자 생리학자로, 인체의 구조와 기능, 특히 심장과 혈관의 생리에 관해 연구했습니다. 끊임없는 연구와 실험을 통해 갈레노스의 체액설을 부정하고, 정맥혈은 심장으로 들어가고 동맥혈은 심장에서 나온다는 혈액순환의 원리를 발표했습니다.

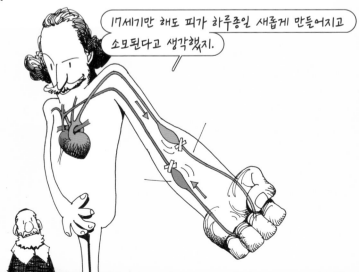

17세기만 해도 피가 하루종일 새롭게 만들어지고 소모된다고 생각했지.

09. 30

한스 가이거

Hans Geiger(1882~1945)

독일의 물리학자 한스 가이거는 어니스트 러더퍼드, 어니스트 마스든과 함께 원자 중심에 있는 원자핵의 존재를 발견했습니다. 방사선의 일종인 알파입자를 활용한 실험이었죠. 방사선의 검출 원리를 발견한 그는 '가이거 계수기'라는 방사능 측정 장비를 발명했습니다.

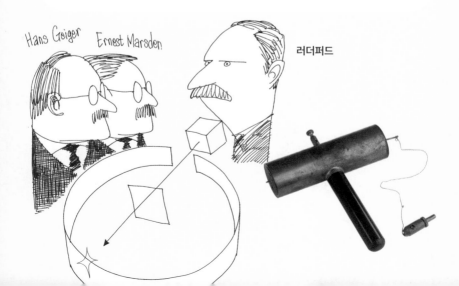

Hans Geiger   Ernest Marsden   러더퍼드

04. 02

혈액순환

The Blood Circulation

인간은 심장이 계속 뛰어야 살 수 있고, 심장이 뛰는 한 혈액은 우리 몸속을 계속 돕니다. 혈액이 도는 통로인 혈관의 길이는 약 12만 km입니다. 마라톤 풀코스를 2,800번 뛰고, 경부고속도로를 140번 왕복하고, 지구를 3바퀴 돌 수 있는 길이지요. 혈액이 이렇게 긴 거리를 도는 데 걸리는 시간은 단 20초 정도랍니다.

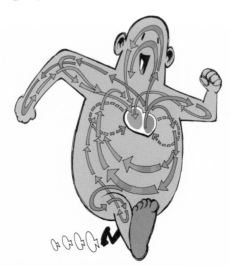

09. 29

엔리코 페르미

Enrico Fermi(1901~1954)

이탈리아 출신 미국인 물리학자로, 유도방사능 연구 및 초우라늄 원소 발견으로 1938년 노벨 물리학상을 받았습니다. 1942년 세계 최초로 원자로를 개발했고, 이해 12월 원자로 가동에 성공했습니다. 스스로 지속되는 핵 연쇄반응을 인간이 처음 발생시키고 제어한 것이었습니다.

맨해튼 프로젝트의 주역이었죠.

04. 03

제인 구달

Jane Goodall(1934~)

영국의 동물학자이자 환경운동가인 제인 구달은 오랜 시간 침팬지
들과 함께 생활하며 그들의 행동을 연구했습니다. 침팬지들이 지렛
대를 사용하거나 돌멩이로 견과를 으깨는 등 도구를 사용한다는 사
실, 그들 사이에 뚜렷하게 구별되는 서열이 있다는 사실 등을 밝혀
냈습니다.

Jane Goodall

우리 인간은 지구상의 다른 생명체들에 대한
책임이 있습니다.

09. 28

페니실린

Penicillin

1928년 오늘, 영국의 세균학자 알렉산더 플레밍이 최초의 항생제 페니실린을 개발했습니다. 플레밍이 상처를 감염시키는 포도상구균을 배양하던 중 실수로 배양균이 푸른곰팡이에 오염되었었는데, 곰팡이 주변의 포도상구균이 죽은 것을 발견했습니다. 그는 푸른곰팡이의 어떤 물질이 포도상구균의 증식을 막는다는 것을 알아냈고, 그 물질을 '페니실린'이라 불렀습니다.

인류를 구한 약이라 해도 과언이 아니죠.

Alexander Fleming

04. 04

체순환과 폐순환

Systemic & Pulmonary Circulation

혈액순환에는 전신을 돌며 온몸에 혈액을 공급하는 체순환(대순환)
과 폐를 거쳐 혈액에 산소를 공급하는 폐순환(소순환)이 있습니다.
달리 말하면 체순환은 심장과 온몸 사이의 혈액순환이고, 폐순환
은 심장과 폐 사이의 혈액순환이지요. 이렇게 체순환과 폐순환 과
정을 거쳐 혈액이 온몸을 돌며 장기에 필요한 산소를 공급하는 것
입니다.

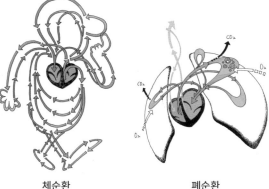

체순환   폐순환

09. 27

발전의 원리

Principles of Electricity Generation

발전기는 자석을 놓고 안쪽에서 코일을 돌려 전기를 발생시킵니다. 혹은 반대로 코일 안쪽에서 자석을 움직일 수도 있죠. 패러데이의 전자기유도 법칙에 따른 것입니다. 자석이나 코일을 움직이는 데 필요한 동력을 무엇에서 얻는지에 따라 수력·화력·원자력 발전 등으로 구분합니다.

04. 05

빈첸초 비비아니

Vincenzo Viviani(1622~1703)

빈첸초 비비아니는 이탈리아의 수학자로, '정삼각형 내부의 한 점에서 각 변에 내린 수선의 길이의 합은 일정하다'라는 '비비아니의 정리'로 유명합니다. 갈릴레이의 마지막 제자로 토리첼리와 함께 진공에 대한 실험을 수행하기도 했죠.

09. 26

조제프 루이 프루스트

Joseph Louis Proust(1754~1826)

프랑스의 화학자로, 1799년 한 화합물을 구성하는 각 원소의 질량
비가 일정하다는 사실을 발견했습니다. 이를 '일정 성분비의 법칙'
또는 '정비례의 법칙'이라고 합니다. 예를 들면 물(H_2O)의 수소(H)와
산소(O)의 질량비는 항상 1:8인데, 물에서 수소가 차지하는 질량이
2.5g이라면, 산소 원자가 차지하는 질량은 20g이 됩니다.

04. 06

우주 쓰레기

Space Debris

1957년 최초의 인공위성 스푸트니크 1호 발사 이후, 지금까지 1만 톤이 넘는 우주 쓰레기가 고도 200km 이상의 지구 궤도를 돌고 있습니다. 기능이 정지된 인공위성부터 위성끼리 충돌한 잔해나 페인트 조각에 이르기까지 그 종류는 다양합니다. 회수하기 어려운 우주 쓰레기는, 국제 우주 정거장 같은 시설이나 승무원의 생명에 위험을 줄 수 있기에 국제적인 문제가 되고 있습니다.

09. 25

은하

Galaxy

은하란 태양과 같은 천체와 성간물질이 중력으로 묶여 있는 거대한 덩어리를 말합니다. 은하는 가스를 빨아들이고 자신보다 작은 이웃 천체를 흡수하기도 합니다. 타원형이나 원형으로 보이는 타원은하, 두 갈래 이상의 팔이 뻗어나가는 소용돌이 모양의 나선은하, 특정한 형태가 없는 불규칙은하 등이 있습니다.

대표적인 나선은하로 사냥개 자리에 있는 '소용돌이 은하'. 지구에서 2,700만 광년 떨어져 있다.

04. 07

세계 보건의 날

World Health Day

1948년 세계보건기구(WHO)가 창립된 4월 7일을 '세계 보건의 날'로 지정해 기념하고 있습니다. 이날은 세계 각국에서 질병 예방과 식품 안전, 건강 형평성 등 보건과 관련한 다양한 활동을 펼칩니다. 코로나19 팬데믹 시기에는 보건·의료 분야 종사자들을 격려하는 캠페인이 여러 나라에서 벌어졌습니다.

World Health Organization

09. 24

렌츠의 법칙

Lenz's Law

패러데이의 전자기유도 법칙에 의해 생성되는 전류의 방향에 관한 법칙으로, 1834년 러시아의 물리학자 하인리히 렌츠가 발견했습니다. 전자기유도에 의해 흐르는 전류는 항상 자기장의 변화를 방해하는 반대 방향으로 흐른다는 것이지요. 그래서 렌츠의 법칙을 '청개구리의 법칙'이라 부르기도 합니다.

04. 08

아우구스트 호프만

August Wilhelm von Hofmann(1818~1892)

독일의 화학자로, 1845년 석탄을 고온에서 말릴 때 생기는 걸죽한 검은색 액체인 콜타르에서 벤젠을 추출했고, 다시 벤젠으로부터 독특한 향이 나는 무색 액체 아닐린을 합성했습니다. 그의 제자 윌리엄 퍼킨은 1856년 불순한 아닐린을 산화시켜 최초의 합성염료를 개발했습니다.

폐기물에 불과했던 콜타르로 만든 염료가 유럽 전역에서 대유행했다고.

August Wilhelm von Hofmann

09. 23

해왕성

Neptune

1846년 이날 밤과 이튿날 새벽 사이에 독일의 천문학자 요한 갈레와 하인리히 다레스트가 해왕성을 발견했습니다. 1년 전 프랑스의 위르뱅 르베리에가 천왕성 너머 미지의 행성이 있을 것이라는 존 애덤스의 주장에 동의하며 수학적으로 그 위치를 계산했는데, 정확히 그 위치에서 발견되었지요.

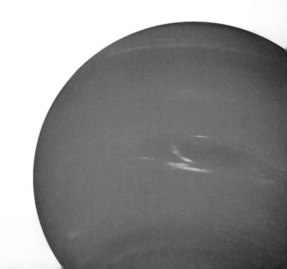

태양계의 여덟 번째 행성인 해왕성을 방문한 우주선은 1989년 8월 25일에 근접 비행한 보이저 2호뿐이다.

04. 09

벤젠

Benzene

무색의 가연성 액체로, 마이클 패러데이가 1825년 처음 발견했고, 1845년에 호프만이 콜타르에서 추출했습니다. 벤젠은 다양한 공업용 재료 합성에 꼭 필요한 물질이며, 연간 수천만 톤이 생산됩니다. 그러나 아주 적은 양의 노출에도 건강에 해를 끼치는 위험한 발암물질입니다.

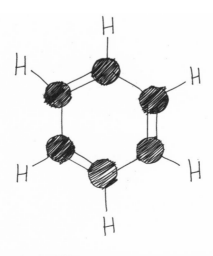

09. 22

마이클 패러데이

Michael Faraday(1791~1867)

영국의 화학자이자 물리학자로, 1831년에 전자기유도 법칙을 발견했고, 1845년에는 반자성을 발견, 자기장과 자기력선 개념을 처음으로 도입하여 이를 설명했습니다. 특히 그의 전자기유도 법칙은 발전기, 전동 모터, 변압기의 원리가 되어 전자기 시대를 여는 데 결정적 역할을 했습니다.

영국인들이 가장 사랑하는 과학자가 바로 저랍니다.

04. 10

최조의 블랙홀 사진

First Image of a Black Hole

2019년 오늘, 처음으로 인류가 직접 관측한 블랙홀의 모습이 공개되었습니다. 2017년 4월 5일부터 14일까지 지구에서 빛의 속도로 5,500만 년을 이동해야 도착할 수 있는 거대 은하 중심부에서 블랙홀을 관측한 지 2년 만이었습니다. 촬영된 블랙홀은 지름이 400억km로 지구 지름의 300만 배, 곧 태양계보다 큽니다.

| 2019년 공개된 M87 은하 중심에 있는 초거대 질량의 블랙홀 사진.

09. 21

전자기유도 법칙

Faraday's Law of Electromagnetic Induction

패러데이가 전기를 발생시키는 방법을 연구하다가 발견한 법칙입니다. 코일 주위에서 자석을 움직이면 코일 내부의 자기장이 변하고, 그로 인해 코일에 전류가 흐르게 됩니다. 자석의 움직임이 빠르고 자석의 세기가 강할수록 코일에 흐르는 전류의 세기가 커집니다.

자석이 멈춰 있을 때는 아무런 반응이 없었는데, 움직이니까 전류가 흐르네!

04. 11

블랙홀

Black Hole

블랙홀은 죽어가는 별로, 엄청난 무게 때문에 중력이 매우 강해 주변의 모든 것을 빨아들이며 빛조차 빠져나가지 못합니다. 또한 엄청난 빛을 뿜어내는데, 이는 블랙홀로 빨려 들어가는 가스가 과열되면서 나는 빛으로 별 수십억 개의 빛을 합한 것보다 밝습니다.

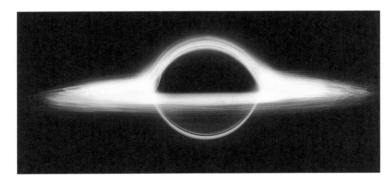

| 블랙홀의 상상도.

09. 20

제임스웹 우주망원경

James Webb Space Telescope

2021년 연말, 로켓에 실려 발사된 제임스웹 우주망원경은 역대 최고 성능의 우주망원경입니다. 이 망원경은 지구에서 600km 떨어져 있는 허블망원경보다 훨씬 먼 150만km 거리에 있는 데다가 고성능의 근적외선 카메라와 분광 장비를 갖추고 있어 허블망원경이 닿지 못하는 아주 멀고 어두운 천체까지도 관측할 수 있습니다.

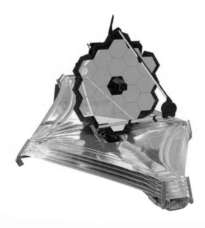

제임스웹 우주망원경의 반사경은 18개의 정육각형이 합쳐진 형태로, 거울 조각들을 접어서 발사한 후 망원경이 설치되는 지점에서 다시 펼치는 방식이다.

04. 12

소아마비 백신 발표

Announces Polio Vaccine

1955년 오늘, 미국의 의학자 조너스 소크가 자신이 개발한 소아마비 백신이 안전하고 효과적이라고 공표했습니다. 소크는 백신에 대한 특허를 포기하고 그 어떤 이익도 추구하지 않았습니다. 전 세계에서 즉각 백신 접종이 시작되었고, 오늘날 대부분 나라에서 소아마비가 사라졌습니다.

특허의 주인이요? 모든 사람들이 백신의 주인입니다.

09. 19

카를 코렌스

Carl Correns(1864~1933)

독일의 식물학자로, 1866년 발표 후 30여 년간 주목받지 못했던 멘델의 논문 〈식물의 잡종화에 관한 실험들〉에 유전에 관한 중요한 사실들이 담겨 있음을 깨닫고, 1900년 자신의 논문에 멘델의 업적을 같이 언급했습니다. 멘델의 유전 법칙을 세상에 다시 알리며 멘델을 재발견한 것이지요.

오늘날 생명과학의 꽃이라 할 만한 유전학의 기초를 마련하신 분이지.

Karl Correns

04. 13

리처드 트레비식

Richard Trevithick(1771~1833)

영국의 기계기술자이자 발명가인 리처드 트레비식은 자신의 고압
증기기관으로 최초의 증기자동차와 증기기관차를 만들었습니다.
1801년에 증기자동차로 도로를 달리는 데 성공했고, 1804년에는
철로 위에서 증기기관차 운전에 성공했습니다.

Richard
Trevithic

09. 18

에드윈 맥밀런

Edwin McMillan(1907~1991)

미국의 화학자이자 물리학자로, 1940년 원자번호 4번 베릴륨의 방사성 동위원소 베릴륨-10을 발견했고, 동료 과학자 필립 에이블슨과 함께 우라늄에 중성자를 쏘아 초우라늄 원소(92번 원소인 우라늄보다 원자번호가 큰 원소)인 넵투늄을 발견했습니다. 이 공로로 1951년 노벨 화학상을 받았습니다.

우라늄은 천왕성(Uranus)에서 이름을 땄으니까, 나는 해왕성(Neptune)으로 이름을 지어야겠다.

93
Np
Neptunium
237.048

Edwin McMillan

04. 14

크리스티안 하위헌스

Christiaan Huygens(1629~1695)

네덜란드의 물리학자이자 천문학자이며 수학자인 하위헌스는 입자라 여겨져온 빛에 파동의 성질이 있다고 주장했습니다. 빛이 좁은 틈을 지날 때 확산하여 퍼져 보이는 현상인 회절을 설명하면서요. 또한 직접 제작한 망원경으로 토성의 위성을 최초로 발견했습니다.

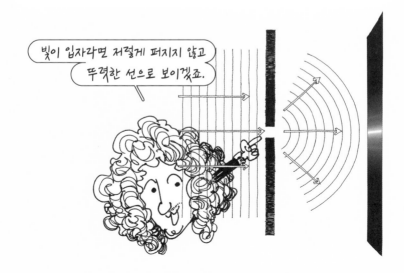

09. 17

최초의 샴쌍둥이 분리 수술

Siamese Twin Separation

1953년 오늘, 미국 뉴올리언스에 있는 병원에서 최초로 샴쌍둥이 분리 수술에 성공했습니다. 이해 7월에 태어난 캐롤린과 캐서린 자매가 그 주인공인데, 허리 부분이 붙어 태어났습니다. 샴쌍둥이는 몸 일부가 붙은 채 태어난 일란성 쌍둥이로, 이런 현상은 하나의 수정란이 불완전하게 분리될 때 발생하게 됩니다.

04. 15

백신의 원리

Principles of Vaccine

한번 침입했던 병원체의 정보를 기억해 같은 병원체가 들어오면 빠르고 강한 면역 반응을 일으키는 인체의 특징을 면역 기억이라 합니다. 백신은 이를 이용해 병원체가 가진 해로운 부분은 최소화하고 병원체임을 인식할 수 있는 항원만 남겨 체내에 투입함으로써 큰 증상 없이 면역력을 가지게 해줍니다.

09. 16

오존층 보호의 날

World Ozone Day

매년 9월 16일은 '오존층 보호의 날'입니다. 1987년 9월 16일 채택된 몬트리올 의정서를 기념하기 위해 1994년 UN 총회에서 지정했지요. 197개국이 참여한 1987년 몬트리올 회의에서는 태양에서 방출되는 자외선을 흡수해 지구 생명체를 자외선으로부터 보호하는 오존층의 파괴를 막기 위해 프레온 가스를 줄이자고 약속했습니다.

04. 16

조지프 블랙

Joseph Black(1728~1799)

스코틀랜드의 화학자이자 물리학자인 조지프 블랙은 1754년 실험을 통해 공기 중에 포함된 이산화탄소의 존재를 발견했습니다. 당시까지만 해도 사람들은 공기가 한 종류의 물질이 아닌 혼합물이라는 사실을 알지 못했습니다. 이산화탄소의 발견 이후로 과학자들은 성질이 서로 다른 기체들을 하나씩 발견해 나가기 시작했습니다.

그땐 이산화탄소가 아니라 '고정된 기체'라고 불렀어.

fixed air

09. 15

사카린 특허

Saccharine Patent

1885년 오늘, 미국의 화학자 콘스탄틴 팰버그는 1879년 우연히 발견한 단맛이 나는 인공 감미료 사카린의 특허를 받았습니다. 사카린은 두 차례 세계대전 당시 부족한 설탕 대신 군수물자로 쓰였고, 설탕보다 훨씬 단 데도 칼로리가 없어 대중의 큰 관심을 끌었습니다. 1970년대 발암물질 논란이 일었으나 2010년대 들어 유해 물질에서 제외되었습니다.

04. 17

기체 반응의 법칙

Law of Gaseous Reaction

기체 사이의 화학반응에서 같은 온도와 압력에서 부피를 측정하면, 반응하는 기체와 생성되는 기체의 부피 사이에는 간단한 정수비가 성립한다.

조제프 루이 게이뤼삭이 발견한 법칙입니다. 예를 들어 수소와 산소가 반응하여 수증기가 될 때, 수소:산소:수증기의 부피비는 2:1:2 같은 간단한 정수비로 나타납니다.

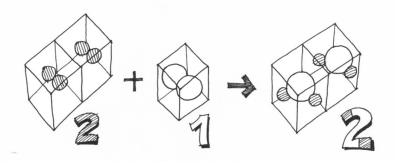

09. 14

이그노벨상

Ig Nobel Prize

'괴짜들의 노벨상'이라 불리는 이그노벨상은 노벨상을 패러디해 만든 상으로, 엉뚱하고 특이하며 '웃고 난 다음에 다시 생각하게 하는' 연구와 업적에 수여됩니다. 1991년 제정되어 매년 노벨상 수상자가 발표되기 1~2주 전에 시상식을 여는데, 2023년엔 스마트 변기를 개발한 한국인 과학자 박승민이 상을 받았습니다.

┃ 로댕의 '생각하는 사람'을 패러디한 이그노벨상의 마스코트 '냄새나는 사람'.

04. 18

폴 에밀 부아보드랑

Paul-Émile Lecoq de Boisbaudran(1838~1912)

프랑스의 화학자로, 물질에서 흡수하거나 방출하는 스펙트럼을 측
정하여 물질의 성질을 분석하는 분광학의 선구자입니다. 동족의 금
속 스펙트럼의 규칙성을 연구하다가 갈륨과 사마륨, 디스프로슘을
발견했습니다. 그중에서도 갈륨은 발견되기 4년 전인 1871년, 멘델
레예프가 주기율표의 빈자리를 채울 거라 예측했던 원소였지요.

프랑스의 옛 라틴어 명칭
'Galia'에서 따왔지.

09. 13

모기에 물린 의사

Yellow Fever

황달과 고열을 일으키는 황열은 18세기 말 유행한 전염병 중 가장 치명적인 병이었지만, 인류는 20세기 초까지도 원인을 밝히지 못했습니다. 다만 모기가 없는 추운 겨울에는 황열도 발생하지 않는다는 추측이 있었고, 미국인 의사 러지어는 1900년 오늘 직접 모기에 물리기로 결심했습니다. 고통 속에서도 몸의 변화를 기록으로 남기는 데 여념이 없었던 러지어는 결국 발병 후 일주일만에 숨졌습니다.

나 말고도 많은 자원자들이 병의 원인을 밝히려고 자신의 몸을 내주었지.

04. 19

《광학의 서》

The Book of Optics

이슬람의 과학자 이븐 알하이삼이 11세기 초 빛의 특징과 현상을 연구해 기록한 책으로, 광학 분야에 있어서 17세기에 이르기까지 가장 정통한 문헌이었습니다. 1270년 라틴어로 번역되어 유럽의 과학 연구에 많은 영향을 주었지요.

빛 연구의 대선배다 이 말씀이야.

09. 12

이렌 졸리오퀴리

Irène Joliot-Curie(1897~1956)

프랑스의 물리학자로, 마리 퀴리의 딸입니다. 남편 프레더릭 졸리
오퀴리와 함께 세상에 없던 방사성동위원소(어떤 원소의 동위원소들 중
방사능을 지니는 원소)를 최초로 만들어내며 1935년 노벨 화학상을 받
았습니다. 졸리오퀴리 부부는 핵분열 연구를 통해 프랑스 최초의
원자로를 만들기도 했습니다.

노벨 화학상을 받은 첫 번째,
두 번째 여성이 바로 우리 엄마와 저예요.

Irène Joliot-Curie

04. 20

빛의 속성

Wave-Particle Duality

빛은 파동일까요 입자일까요? 17세기 이래 파동설과 입자설은 엎치락뒤치락 팽팽하게 대립했습니다. 하위헌스와 토머스 영 등이 파동설을, 뉴턴과 아인슈타인 등이 입자설을 각자의 타당한 이론과 실험으로 주장했지요. 하지만 아주 미시적인 세계를 연구하는 현대의 양자역학은 빛이 입자와 파동의 성질을 모두 가지고 있다고 결론지었습니다.

09. 11

혜성의 꼬리 통과

Spacecraft Exploration of Comets

1985년 오늘, NASA와 유럽 우주국의 국제 혜성 탐사선이 자코비니-지너 혜성의 플라스마 꼬리를 통과, 중심핵에서 7,800km 떨어진 곳을 지났습니다. 이는 탐사선이 최초로 혜성에 근접한 사례입니다. 탐사선에 카메라가 달려 있지 않아 에너지 입자와 파동, 플라스마 영역 등을 측정한 자료만 지구로 보내왔다고 합니다.

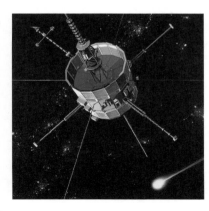

자코비니-지너 혜성의 꼬리를 통과한 국제 혜성 탐사선을 묘사한 그림.

04. 21

과학의 날

Science Day

매년 4월 21일은 1967년 대한민국 과학기술처(현 교육과학기술부)의 발족일을 기념하여 대한민국 정부가 제정한 과학의 날입니다. 과학 기술의 중요성을 국민적으로 인식시키고 과학 기술 진흥을 위한 노력을 다짐한다는 목적으로 만든 법정기념일이랍니다.

왼쪽부터 1968년 발행된 과학기술 진흥 특별 우표, 1977년 발행된 과학의 날 10주년 기념 우표, 1992년 발행된 과학의 날 25주년 기념 우표.

09. 10

방향족화합물

Aromatic Compounds

1865년 아우구스트 케쿨레가 벤젠의 육각형 고리 구조를 제시한 후, 벤젠 고리를 가진 화합물을 '방향족화합물'로 부르게 되었습니다. 이들은 대개 특이한 냄새가 나기 때문입니다.

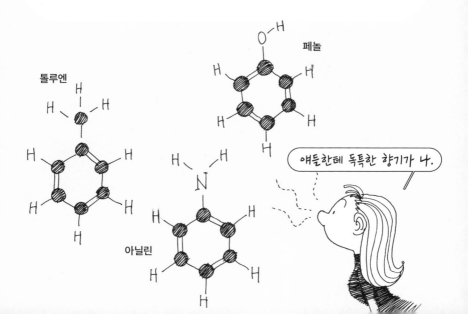

페놀

톨루엔

아닐린

애들한테 독특한 향기가 나.

04. 22

지구의 날

Earth Day

매년 4월 22일은 지구의 날입니다. 1969년 미국 캘리포니아주 인근에서 발생한 원유 유출 사고가 계기가 되었지요. 이듬해 민간에서 주도한 첫 행사에 미국 전체 인구의 10%에 해당하는 2,000만 명 이상의 시민들이 참여했고, 지구 환경오염 문제의 심각성을 호소하는 지구의 날이 제정되었습니다.

1970년 4월 22일, 첫 번째 지구의 날을 맞아 인파가 몰리고 자동차 통행이 전면 통제된 미국 뉴욕 맨해튼 5번가의 풍경.

09. 09

루이지 갈바니

Luigi Aloisio Galvani(1737~1798)

이탈리아의 해부학자 갈바니는 해부 실험 중 죽은 지 얼마 안 된 개구리의 뒷다리에 금속 메스를 대자 경련이 일어나는 것을 보고는 이것이 '동물전기' 때문이라는 결론을 내렸습니다. 이 동물전기설은 나중에 볼타에 의해 수정되지만, 당시 갈바니의 관련 논문은 학계에 큰 반향을 일으켜 전기 현상에 대한 연구가 활발해지는 계기가 되었습니다.

Luigi Galvani

동물에서 나오는 새로운 종류의 전기인가?

땡!

04. 23

막스 플랑크

Max Planck(1858~1947)

막스 플랑크는 독일의 물리학자로, 양자역학이라는 새로운 물리학 분야가 탄생하는 데 중요한 역할을 했습니다. 고전역학에서 빛의 에 너지는 연속적이라고 믿었는데, 이는 빛이 파동이라는 전제에서 비 롯됩니다. 플랑크는 그 전제에서 벗어나서, 빛의 에너지는 뚝뚝 끊기 듯 불연속적으로 나타난다는 '양자가설'을 제시했습니다.

Max Planck

쭉 이어지지 않고 띄엄띄엄 떨어져 있다고 생각해 보자.

09. 08

배수 비례의 법칙

Law of Multiple Proportion

두 원소가 서로 다른 화합물을 만들 때, 한 원소와 결합하는 다른 원소의 질량은 간단한 정수비를 이룬다.

예컨대 탄소와 산소가 결합해서 일산화탄소를 만들 때는 각각 1g 과 1.33g, 이산화탄소를 만들 때는 1g과 2.66g이 필요합니다. 이 때 탄소와 결합하는 산소의 질량비는 1.33g과 2.66g으로 1:2, 즉 정수비지요. 원자론을 세운 존 돌턴이 발견한 법칙입니다.

탄소1g   탄소1g

산소1.33g   *1 : 2*   산소2.66g

CO   CO2

04. 24

멘델의 유전법칙

Mendelian Inheritance

오스트리아의 성직자였던 멘델은 다윈의 진화론을 접한 후 8년간
완두콩 교배 실험을 한 끝에 유전의 기본 원리인 '멘델의 유전 법
칙'을 발견했습니다. 우성과 열성 중 우성형질이 발현되고(우열의 법
칙), 유전형질은 부모로부터 각각 하나씩 물려받으며(분리의 법칙), 다
른 형질들은 서로 간섭하지 않고 독립적으로 유전된다(독립의 법칙)
는 것입니다.

09. 07

아우구스트 케쿨레

August Kekulé(1829~1896)

독일의 유기화학자로, 탄소가 중심이 되는 유기화합물(탄소화합물)의 많은 특징을 밝혀냈습니다. 무엇보다 당시 어떤 과학자도 상상해 내지 못했던 벤젠(C_6H_6)의 독특한 육각형 고리 구조를 제시하여, 유기화합물 연구에 큰 진전을 불러왔지요.

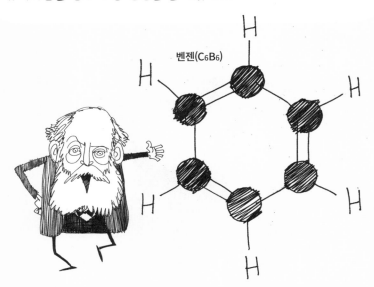

벤젠(C_6B_6)

04. 25

태양전지의 상용화

Solar Cell

1954년 오늘 미국의 벨 연구소가 세계 최초로 상용화한 태양전지를 시연했습니다. 이는 실리콘을 이용해 만든 실리콘 태양전지로, 여기에 빛을 쏘이면 빛에너지에 의해 전자가 이동하며 전선을 타고 전류가 흐릅니다. 태양전지는 전자계산기, 탁상용 시계 등 비교적 전력 사용량이 적은 전자기기에 널리 쓰이고 있습니다.

| 벨 연구소의 태양전지 광고.

09. 06

존 돌턴

John Dalton(1766~1844)

영국의 화학자이자 물리학자로, 모든 원소가 제각각 고유의 성질을 가진 최소의 기본 입자로 구성된다는 근대적인 원자론을 제안했습니다. 그간 과학자들의 관심 밖에서 행해지던 연금술이 물질의 성질과 변화를 정량적으로 다루는 화학으로 발전하던 시대에 중요한 단서를 제공한 것이지요.

04. 26

아노 펜지어스

Arno Penzias(1933~)

독일 태생의 미국 물리학자로, 로버트 윌슨과 우주배경복사를 발견해 노벨 물리학상을 공동 수상했습니다. 벨 연구소에서 전파망원경으로 전파 수신을 하던 그들은 사라지지 않는 정체불명의 잡음을 포착했습니다. 그들이 감지한 것은 아주 희미하고 고르게 퍼져 있는 마이크로파로, 빅뱅 초기의 에너지가 우주 전역에 퍼져 있음을 보여주는 증거였습니다.

벨 연구소의 홀름델 혼 안테나. 이 거대한 마이크로파 안테나로 펜지어스와 윌슨이 우연히 우주배경복사를 발견했다.

09. 05

오이겐 골트슈타인

Eugen Goldstein(1850~1930)

독일의 물리학자로, 원자를 구성하는 입자 중 '전자'와 '양성자'의
발견과 관련이 깊은 인물입니다. 방전관이라는 실험 장치의 양쪽
전극 사이에 전압을 주면 음극에서 양극으로 전자가 흐르며 빛을
내는데, 그 현상에 '음극선'이라고 이름 붙였지요. 한편 수소 기체
를 채우고 전압을 걸자 반대의 흐름인 '양극선'이 발생했는데, 이
는 최초로 양성자를 관측한 것이었습니다.

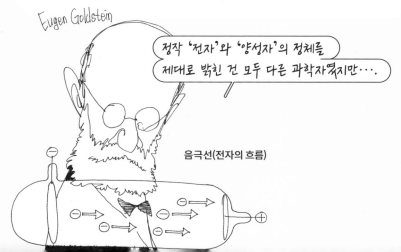

Eugen Goldstein

정작 '전자'와 '양성자'의 정체를
제대로 밝힌 건 모두 다른 과학자였지만⋯.

음극선(전자의 흐름)

04. 27

월리스 캐러더스

Wallace Carothers(1896~1937)

미국의 화학자로, 20세기 최고의 발명품 중 하나로 꼽히는 나일론의 개발자입니다. 최초의 합성섬유 나일론이 개발되기 전에 인류는 면, 양모, 비단 같은 천연섬유를 사용했지요. 1928년 화학회사 듀폰에 입사한 후 폴리에스터, 합성고무에 이어 나일론까지 성공적인 발명을 이어나갔지만, 나일론이 시판되기 1년 전 스스로 세상을 등졌습니다.

고분자화학 분야에서 선구적인 연구자였죠.

Wallace Carothers

09. 04

막스 델브뤼크

Max Delbrück(1906~1981)

독일 출신의 미국 생물학자이자 물리학자로, 두 학문의 경계를 오고가며 1940년대에 생명공학의 출발점이라 할 수 있는 '분자생물학'의 기틀을 마련했습니다. 20세기 이래 현대 생명공학은 이제 생물학적 현상을 분자 수준에서 다룰 정도로 발전했지요. '박테리아(세균)를 잡아먹는 바이러스'인 박테리오파지에 대한 연구로 노벨 생리의학상을 받기도 했습니다.

Max Delbrück

세균 같은 미생물에도 유전자가 있고, DNA가 그 유전물질임을 알아냈지요.

04. 28

체르노빌 원전 사고 공개

Announcement of Chernobyl Accident

1986년 오늘, 인류 역사상 최악의 원전 참사 소식이 알려졌습니다. 이틀 전인 4월 26일 새벽 체르노빌에서 발생한 이 사고로 히로시마에 떨어졌던 핵폭탄의 400배가 넘는 방사성 물질이 바람을 타고 유럽 전역에 퍼졌고, 스웨덴의 원자력 발전소에서 이 방사능 오염을 감지하면서 소련 당국이 사고 사실을 공식 발표했습니다. 체르노빌은 지금도 죽음의 도시로 남아 있습니다.

09. 03

바이킹 2호 화성 착륙

Project Viking Mission to Mars

1976년 오늘 화성 탐사선 바이킹 2호가 화성에 착륙했습니다. 바이킹 1호가 인류 최초로 화성 지표면에 착륙한 지 두 달만이었습니다. 바이킹 2호의 착륙선은 화성의 토양과 대기, 날씨를 분석하고 생명체의 흔적을 찾는 역할을, 궤도선은 착륙선이 확보한 데이터를 지구로 전송하는 중계소의 역할을 했습니다.

NASA 바이킹 프로젝트의 엠블럼.

04. 29

동위원소

Isotope

동위원소란 원자번호는 같지만 질량수, 즉 무게가 서로 다른 원소를 말합니다. 그 이유는 전자와 양성자 개수는 동일한데, 중성자 개수가 다르기 때문이에요. 동위원소들은 화학적 성질은 같지만, 녹는점이나 끓는점 같은 물리적 성질이 다르답니다.

원자의 세계는 왜 이렇게 복잡한 거야?

09. 02

불확정성의 원리

Uncertainty Principle

독일의 물리학자 베르너 하이젠베르크의 물리학 이론으로, 우리 눈으로도 볼 수 있을 만큼 일상적인 물리 현상이 일어나는 거시 세계와 달리, 원자 같은 미시 세계에서는 정확한 관측을 할 수 없다는 것입니다. 아주 작은 원자 내부에 있는 아주 작은 전자의 위치와 운동량을 동시에 측정할 수 없다는 말이죠.

계산만 잘하면 확실한 줄 알았던 물리학이 사실은 불확실하다니, 쉽지 않죠?

04. 30

전자

Electron

1897년 오늘, 영국의 물리학자 조지프 존 톰슨이 전자를 발견했습니다. 원자가 더 이상 쪼개지지 않는 물질의 최소 단위라고 여겨졌던 당시, 원자 내부에 있는 또 다른 미립자의 정체를 밝혀낸 것이죠. 톰슨은 전자가 수소 원자 질량의 약 2,000분의 1밖에 되지 않는다는 사실도 알아냈습니다.

09. 01

클라우디오스 갈레노스

Claudius Galenus(129~216?)

로마 시대 그리스 출신의 의학자입니다. 다양한 실험과 동물 해부로 소화·호흡·신경 등 인체의 중요한 기능을 체계적으로 설명하려 했고, 정맥과 동맥의 차이점을 언급하며 최초로 인체의 순환계를 설명했습니다. 그의 연구와 이론은 약 1,400년 동안 유럽 의학에 지대한 영향을 끼쳤습니다.

인체 해부는 불법이어서 못 해 본 게 한이에요.

5월

"과학과 일상생활은 분리될 수 없고 분리돼서도 안 된다.
과학은 사실과 경험, 실험에 근거한 설명을 준다."

— 로절린드 프랭클린

9월

"자연의 법칙과 일치만 한다면,
진실만큼 아름다운 것은 없다."

— 마이클 패러데이

05. 01

나노 기술

Nanotechnology

10억분의 1미터인 나노미터 크기의 물질, 예컨대 원자와 분자 수준에서 재료를 개발하고 이용하는 기술을 나노 기술이라고 합니다. 1982년 원자를 관찰할 수 있는 주사현미경이 개발되며 나노 기술의 연구가 본격적으로 시작되었습니다. 치료제를 넣는 나노 입자부터 친환경 에너지 개발까지, 나노 기술은 분야를 가리지 않고 무궁무진한 가능성을 품고 있습니다.

08. 31

양자역학

Quantum Mechanics

양자역학은 원자, 분자와 같이 아주 작은 물질, 즉 미시 세계를 설명하는 현대 물리학의 한 분야입니다. 양자역학의 가장 큰 특징은 거시 세계에서 매끄럽게 이어져 보이는 물리량이 사실 이어져 있지 않고 띄엄띄엄한 값으로 존재한다는 점입니다. 물리량을 어떤 기본 단위의 정수배로 셀 수 있을 때, 그 기본 단위를 양자(quantum)라고 부릅니다.

눈에 보이지 않는 영역을 설명해야 하니까 어려울 수밖에 없어요.

Max Planck

05. 02

전자껍질

Electron Shell

원자는 중심부의 원자핵과 그 주변을 도는 전자로 이루어져 있는데, 전자가 운동하는 궤도를 전자껍질이라 합니다. 원자핵을 중심으로 여러 층의 전자껍질이 쌓여 있고, 각 껍질에는 규칙에 따라 여러 개의 전자가 들어갈 수 있습니다. 원자핵에 가까운 쪽부터 알파벳 순서대로 K, L, M… 껍질이라고 부릅니다.

가장 바깥 껍질에 있는 전자는 특별히 '최외각전자'라고 불러요.

electron shell

08. 30

어니스트 러더퍼드

Ernest Rutherford(1871~1937)

영국의 핵물리학자로, 1911년 원자핵을 발견했습니다. 1803년 돌턴에 의해 원자가 쪼개지지 않는 물질의 최소 단위라고 여겨져왔지만, 1897년 조지프 존 톰슨이 원자 속 '음전하'를 띠는 전자를 발견했죠. 그에 대응하는 '양전하'를 띠는 양성자의 존재를 발견하며 원자구조의 이해가 한층 깊어진 것입니다. 이를 기반으로 '러더퍼드의 원자모형'을 제시했습니다.

05. 03

스티븐 와인버그

Steven Weinberg(1933~2021)

미국의 핵물리학자로, 현대 물리학의 토대가 되는 표준모형 (standard model)의 뼈대를 세웠습니다. 표준모형이란 자연계에 존재하는 네 가지 힘인 '중력', '전자기력', '강한 핵력', '약한 핵력' 중 중력을 제외한 세 가지 힘을 설명하는 이론입니다. 와인버그는 그중 전자기력과 약한 핵력을 통합하며 노벨 물리학상을 받았지요.

아인슈타인도 자연의 모든 힘을 통합하는 이론을 찾으려고 애썼죠.

Steven Weinberg

08. 29

로버트 허먼

Robert Herman(1914~1997)

미국의 물리학자로, 1948년에 랠프 앨퍼와 함께 우주배경복사의 존재를 처음으로 예측했지만, 펜지어스와 윌슨이 16년 후 우주배경복사를 실제로 발견하고 1978년 노벨상을 받을 때까지 그들의 주장은 크게 주목받지 못했습니다. 그러나 허먼과 앨퍼는 1993년 천체물리학에 공헌한 과학자에게 수여하는 헨리 드레이퍼 메달을 수상하며 그 공로를 뒤늦게나마 인정받았습니다.

미국 국립과학원이 1886년 이래 시상하고 있는 헨리 드레이퍼 메달. 허먼과 앨퍼는 "우주배경복사가 발견되기 전 그 존재를 예측한 통찰력과 기술, 20세기 주요 지적 업적에 참여한 공로"를 인정받았다.

05. 04

복제 노새 탄생

First Cloned Mule

2003년 오늘, 미국에서 세계 최초 복제 노새가 태어났습니다. 수탕나귀와 암말 사이에서 태어나는 노새는 유전적으로 번식을 할 수 없기 때문에, 노새 복제 성공은 주목할 만한 일이었습니다. '아이다호젬'이라 이름 붙여진 복제 노새는 말의 난자에 당나귀 태아의 체세포를 이식해 암말의 자궁으로 옮기는 과정을 통해 태어났습니다.

당나귀   +   말   =   노새

08. 28

고드프리 하운스필드

Godfrey Hounsfield(1919~2004)

영국의 전기공학자 고드프리 하운스필드는 컴퓨터 단층촬영(CT) 기술을 개발했습니다. 이로써 인체 내부를 직접 보지 않고도 몸 안의 질병을 찾아낼 수 있게 되었고, 그는 이 공로로 1979년 노벨 생리의학상을 받았습니다. 그는 역대 노벨 생리의학상 수상자 중 유일한 공학자였습니다.

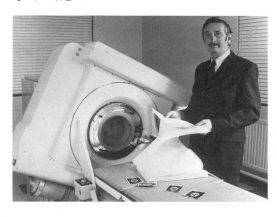

1972년 CT 스캐너 옆에 서 있는 하운스필드. 당시 비틀즈로 유명했던 영국 레코드 회사 EMI에서 최초로 출시했다.

05. 05

암흑물질

Dark Matter

수조 개에 달하는 은하와 그 은하를 채우는 무수한 별은 사실 우주의 5%에 불과합니다. 나머지는 모두 암흑물질과 암흑에너지가 차지하고 있지요. 암흑물질은 강력한 중력으로 우주에 흩어져 있는 각종 물질을 끌어 모으지만, 아직 실제로 관측된 적 없는 가상의 물질입니다. 암흑물질 이론은 1933년 처음 등장했고, 베라 루빈이 1970년대에 암흑물질의 존재 증거를 발견했지요.

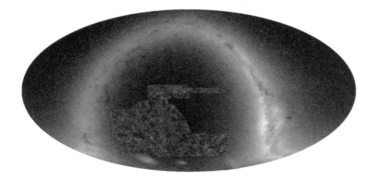

08. 27

갈륨

Gallium

1875년 오늘 프랑스의 화학자 부아보드랑이 갈륨을 발견했습니다. 갈륨은 녹는점이 약 30°C로 손바닥에 올려만 두어도 액체로 변하는 광택이 나는 금속입니다. 트랜지스터를 만들기 위해 규소에 첨가하는 형태로 반도체 산업에 주로 쓰입니다.

05. 06

로절린드 프랭클린

Rosalind Elsie Franklin(1922~1958)

1952년 오늘, 영국의 생물물리학자 로절린드 프랭클린이 DNA의 이중 나선 구조를 보여주는 X선 회절 사진을 촬영했습니다. 이 사진은 제임스 왓슨과 프랜시스 크릭이 이듬해 DNA의 구조를 발표하는 데 결정적 역할을 했는데, 프랭클린의 사진을 허락 없이 사용한 성과였습니다. 이 일은 당시 여성 과학자에 대한 차별을 보여주는 대표적인 사례로 남았습니다.

08. 26

양투안 라부아지에

Antoine-Laurent de Lavoisier(1743~1794)

프랑스의 화학자로, 화학 실험 때마다 물질의 정확한 양을 측정함으로써 1774년 화학반응 전과 후에 물질의 질량은 같다는 '질량 보존의 법칙'을 정립했습니다. 또한 연소에 필요한 기체에 처음으로 '산소'라는 이름을 붙이고, 새로운 원소로 정의함으로써 화학혁명의 시대를 열었습니다.

OXYGEN

05. 07

에드윈 랜드

Edwin Herbert Land(1909~1991)

미국의 과학자이자 발명가인 에드윈 랜드는 '폴라로이드' 공동 창업자로 유명합니다. 그는 선글라스 렌즈 등에 쓰이는 편광 필터, 즉석 X선 등 500여 개의 특허를 가지고 있었는데, 그중 가장 성공한 것이 60초 이내에 현상되는 즉석 필름 카메라였습니다. 1948년 출시된 폴라로이드 카메라는 한 시대를 풍미한 혁신적 발명품이었습니다.

스티브 잡스가 나를 우상처럼 생각했어요.

08. 25

프레더릭 로빈스

Frederick Chapman Robbins(1916~2003)

미국의 의사로 동료들과 소아마비 바이러스 배양법을 발견해 1954년 노벨 생리의학상을 공동 수상했습니다. 소아마비는 심한 사지마비를 일으키는 치료 방법이 없는 질병이었습니다. 바이러스는 같은 미생물임에도 세균에 비해 배양법 개발이 늦어 연구가 어려웠는데, 로빈스는 감염된 사람의 조직을 시험관에서 배양함으로써 이 문제를 해결했습니다.

몇 년 지나지 않아 조너스 소크가 소아마비 백신을 개발했지요.

Frederick Chapman Robbins

05. 08

천연두 완전 퇴치 선언

Smallpox Eradicated

1980년 오늘, WHO가 수천 년간 인류가 가장 두려워한 전염병인 천연두의 완전 퇴치를 선언했습니다. 대한민국에서는 1960년 3명의 환자를 끝으로 자취를 감췄고, 세계적으로는 1977년 아프리카에서 소수의 환자가 발견된 게 마지막이었습니다.

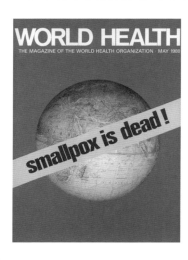

WHO가 발행하는 《세계 건강(World Health)》 1980년 5월호 표지.

08. 24

명왕성의 행성 자격 박탈

Dwarf Planet Pluto

2006년 오늘, 체코 프라하에 모인 전 세계 천문학자들이 논의 끝에 명왕성의 태양계 행성 자격을 박탈했습니다. 명왕성은 태양계의 다른 행성들처럼 자체 중력으로 주변의 천체를 끌어들이지 못한다는 게 그 이유였지요. 명왕성은 이제 태양을 중심으로 돌지만 행성보다 작고 소행성보다 큰 태양계의 천체를 일컫는 '왜소 행성'으로 분류됩니다.

| 2006년 왜소 행성으로 분류된 명왕성. 이제 그 이름도 '소행성 134340'이다.

05. 09

자연발생설

Spontaneous Generation

아리스토텔레스는 쓰레기에서 진드기가 생겨나고, 새우나 장어가 흙탕물에서 자연 발생하는 것을 봤다며 생물은 부모 없이 스스로 생길 수 있다고 주장했는데, 이를 '자연발생설'이라 합니다. 오랫동안 사실로 받아들여지다가 17세기부터 이를 부정하는 실험이 시도되었고, 19세기 후반 루이 파스퇴르가 실험을 통해 틀린 가설임을 증명했습니다.

생물은 오직 생물로부터 발생한다더군.

08. 23

달에서 본 지구

First Photo of Earth from the Moon

1966년 오늘, 미국의 루나 오비터 1호가 처음으로 달에서 본 지구의 모습을 촬영했습니다. 루나 오비터 1호는 미국이 유인 달 탐사 계획을 실행하기에 앞서 달 착륙선이 안전하게 착륙할 지점을 찾기 위해 발사한 달 궤도선이었습니다. 미국은 궤도선이 달의 주변부를 돌면서 찍은 사진들로 달 지도를 만들려고 했습니다.

1966년 8월 23일 루나 오비터 1호가 찍은 달에서 본 지구 사진.

05. 10

바다식목일

Ocean Arbor Day

매년 5월 10일은 해양 생태계의 중요성과 바다 사막화의 심각성을 알리기 위해 대한민국 정부가 기념일로 제정한 바다식목일입니다. 바다 사막화란 해양 생물의 먹이 자원이자 산란 및 보육의 장소인 해조류가 해양오염과 수온 상승으로 사라지는 현상을 말합니다.

바다 수온이 올라 산호가 하얗게 변해 죽는 백화 현상이 일어나 많은 산호초 군락이 파괴되었다.

08. 22

드니 파팽

Denis Papin(1647~1712)

프랑스의 물리학자로, 수증기의 압력과 응축으로 만들어지는 대기
압을 이용해 피스톤을 움직이는 증기기관을 발명했습니다. 하지만
그가 발명한 증기기관은 실용화되지 못했지요. 재미있는 것은 그가
이 증기기관의 원리를 조리 도구에 접목했다는 점입니다. 바로 안전
밸브가 부착된 증기 찜통, 즉 '압력솥'을 개발한 겁니다.

05. 11

리처드 파인만

Richard Feynman(1918~1988)

미국의 물리학자로 양자전기역학의 발전에 큰 공헌을 한 인물입니다. 19~20세기 이래 양자의 세계가 열리고, 과학 각 분야의 현상들을 양자적인 관점에서 설명해야 할 필요가 생겼습니다. 파인만은 기존의 전기역학에 양자 개념을 도입해 슈퍼컴퓨터를 능가하는 양자컴퓨터 개념을 제시하고, 나노 기술에 대한 영감을 불러일으켰습니다.

슈퍼컴퓨터보다
몇십억 배 빠른 컴퓨터 없을까?

08. 21

태양의 코로나

Corona

태양의 코로나는 대기 가장 바깥에 있는 플라스마 상태의 가스층
으로, 평균 온도가 약 6,000°C인 광구보다 훨씬 뜨거운 100만°C에
이릅니다. 코로나 영역은 태양풍이라 부르는 플라스마 방출을 통해
태양계 전체로 뻗어 나가는데, 지구의 GPS나 통신 상태에 영향을
주기도 합니다.

2017년 8월 21일 관측된 코로나. 둘레에서 빛나는 부분으로, 개기일식 때 관측된다.

05. 12

저온 살균법

Pasteurization

냉장 기술이 없던 시절 우유나 와인 같은 액체를 신선하게 오래 보관하는 것은 어려운 일이었습니다. 100°C 이상 고온으로 가열하면 액체 속 미생물은 제거되지만, 비타민과 단백질 같은 물질도 함께 분해되고 풍미와 품질도 떨어지지요. 루이 파스퇴르는 액체를 60°C 정도의 저온으로 가열하여 병원균과 부패균만 부분 제거하는 저온 살균법을 개발해, 인류의 식생활을 크게 개선시켰습니다.

와인 양조업자의 골칫거리를 해결해 주다가 번뜩 생각났지.

08. 20

옌스 야코브 베르셀리우스

Jöns Jacob Berzelius(1779~1848)

스웨덴의 화학자로 반대 전하를 띠는 원소, 즉 음이온과 양이온이 서로를 끌어당기는 힘으로 결합하며 다양한 분자가 만들어진다고 생각했습니다. 이러한 생각은 화학결합의 한 종류인 이온결합의 토대가 되었습니다. 또한 베르셀리우스는 알파벳을 이용한 오늘날의 원소기호 표기법을 고안했습니다.

Jöns Jacob Berzelius

05. 13

로널드 로스

Ronald Ross(1857~1932)

영국의 병리학자이자 기생충학자로, 인도에서 군의관으로 근무하던 중 말라리아가 모기가 옮기는 병이라는 것을 알아냈고, 1902년 말라리아의 인체 침투 경로에 관한 연구로 노벨 생리의학상을 받았습니다. 인간에게 말라리아, 황열, 사상충 등 치명적인 질병을 전파하는 모기는, 오늘날에도 매년 72만여 명의 목숨을 앗아가고 있습니다.

08. 19

밀턴 휴메이슨

Milton Humason(1891~1972)

학위 없는 아마추어 천문학자였던 밀턴 휴메이슨은 1929년 에드윈 허블과 함께 우주가 팽창한다는 사실을 밝혀냈습니다. 그들은 10 년간 수십 개의 은하를 집요하게 관측한 결과, 모든 별들이 지구로 부터 멀어지고 있으며, 멀리 떨어진 별일수록 더 빠른 속도로 멀어 진다는 결론을 내렸죠. 1920년대만 해도 과학자들은 우주가 팽창 한다는 생각을 전혀 하지 못했습니다.

05. 14

존 찰스 필즈

John Charles Fields(1863~1932)

캐나다의 수학자로, '수학계의 노벨상'이라 불리는 필즈상의 제창
자입니다. 필즈상은 1932년 스위스 취리히에서 열린 세계수학자대
회에서 제정되었고, 필즈의 유산을 기반으로 1936년 첫 수상자를
선정했습니다. 연구를 통해 인류에게 기여할 가능성을 심사 기준으
로 삼아 40세 미만에게만 상을 수여하지요.

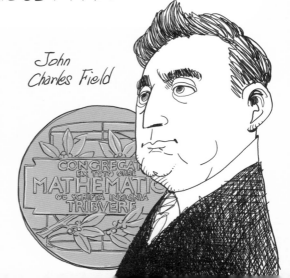

John
Charles Field

08. 18

헬륨

Helium

1868년 이날, 프랑스의 천문학자 피에르 장센이 헬륨을 발견했습니다. 개기일식 때 태양의 가장자리에서 붉게 빛나는 채층(하층 대기)을 관측한 그는, 채층을 각 빛깔로 분해한 스펙트럼에서 노란 선을 발견했지요. 이 선은 그간 지구에서 본 적 없는 새로운 원소에서 비롯된 것이었고, '헬리오스(태양)의 원소'라는 뜻에서 '헬륨'이라 이름 붙었습니다.

평소엔 태양의 광구가 너무 밝아서 채층은 잘 보이지 않지요.

태양 가장자리에서 붉게 보이는 채층(왼쪽)과 그 채층의 스펙트럼(오른쪽). 노란 선이 태양의 24%를 이루는 헬륨, 나머지는 태양의 74%를 이루는 수소의 방출선이다.

05. 15

원시 지구 실험

Miller-Urey Experiment

1953년 오늘, 암모니아와 수증기 등 원시 지구에 다량 존재했던 기체들에 전기 방전을 가하면 아미노산이 합성된다는 사실을 실험적으로 증명하는 내용의 논문이 발표되었습니다. 당시 대학생이던 스탠리 밀러의 이 논문은 무기물에서 유기물을 합성하는 실험의 성공적인 결과를 담은 것으로, 원시 지구에서 생명의 기원을 찾기 위한 연구의 출발점이 되었습니다.

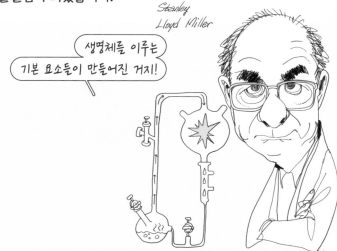

Stanley
Lloyd Miller

생명체를 이루는
기본 요소들이 만들어진 거지!

08. 17

화성의 위성

Moons of Mars

1877년 오늘 미국의 천문학자 아사프 홀이 화성의 두 번째 위성 포보스(Phobos)를 발견했습니다. 첫 번째 위성인 데이모스(Deimps)도 같은 달에 그가 발견했지요. 데이모스와 포보스는 그리스 신화에 나오는 전쟁의 신 아레스(Ares)의 두 아들로, 로마 신화에서는 아레스를 '마르스(Mars)'라고 부릅니다.

화성의 위성 포보스(가운데)와 데이모스(오른쪽). 자체 중력이 약한 두 위성 모두 원형이 아닌 일그러진 모습을 하고 있다.

05. 16

니코틴의 중독성 경고

Warning of Nicotine Addiction

1988년 오늘, 미국 공중위생국장 찰스 쿱이 처음으로 담배에 함유된 니코틴의 중독성에 대해 경고했습니다. 니코틴은 식물 담배에 들어 있는 성분으로, 곤충으로부터 방어하기 위해 강한 독성을 가지고 있습니다. 헤로인이나 코카인 같은 마약과 중독성이 비슷하며, 인체에 해로운 물질이지요.

담배엔 몸에 안 좋은 물질이 1,200개나 넘게 들었대요.

08. 16

가브리엘 리프만

Gabriel Lippmann(1845~1921)

프랑스의 물리학자로, 빛의 간섭현상을 이용해 최초의 컬러 사진 촬영법을 개발했습니다. 간섭현상이란 두 개 이상의 빛의 파동이 한 점에서 만날 때 진폭이 서로 합해지거나 상쇄되어 밝고 어두운 무늬가 나타나는 현상을 말합니다. 리프만의 발명으로 세계는 컬러 사진 시대에 접어들었습니다.

Gabriel Lippmann

| 가브리엘 리프만이 찍은 컬러 사진.

05. 17

에드워드 제너

Edward Jenner(1749~1823)

영국의 의사 에드워드 제너는 소의 천연두인 우두에 감염되었던 사람은 천연두에 걸리지 않는다는 사실에 착안하여 백신을 개발하는 데 성공했습니다. 전 세계 그 누구보다도 많은 사람의 생명을 구한 것으로 평가되는 그는 현대 면역학 분야의 발전을 위한 토대를 마련했습니다.

08. 15

앙페르의 법칙

Ampere's Law

전류가 흐르면 그 주위에 자기장이 만들어지며, 자기장의 방향은 오른나사의 회전 방향과 같다.

자기장에 대한 물리 법칙으로 프랑스의 물리학자 앙페르가 불완전한 형태로 발견했습니다. 이후 19세기, 제임스 클러크 맥스웰이 전자기학을 집대성하는 과정에서 앙페르의 법칙을 수정해 통합했습니다.

오른손 엄지를 치켜세워봐!
엄지는 전류의 방향,
손가락은 자기장의 방향!

André-Marie Ampère

05. 18

스톤헨지 연대 특정

Stonehenge Radiocarbon Dating

1952년 오늘, 미국의 화학자 윌러드 리비가 방사성 탄소 연대 측정으로 영국 솔즈베리 평원에 있는 스톤헨지의 연대를 알아냈습니다. 그는 탄소의 방사성 동위원소인 탄소-14를 활용한 절대 연대 측정법을 발명해 고고학과 고생물학 등에 혁명을 일으켰습니다.

내 나이는 적어도 4,000살이랍니다.

묘지로 사용됐을 거라 여겨지는 스톤헨지는 기원전 3000~2000년경 세워졌다고 추측된다.

08. 14

한스 외르스테드

Hans Christian Ørsted(1777~1851)

덴마크의 물리학자이자 화학자인 외르스테드는 우연히 전류가 흐르는 도선 가까이에 놓여 있던 나침반의 바늘이 움직이는 것을 보고, 전류가 자기장을 만든다는 '외르스테드의 법칙'을 발견했습니다. 독립된 현상으로 여겨졌던 전기와 자기 현상의 연관성이 밝혀지면서 '전자기학'이라는 새로운 학문 분야가 시작되었습니다.

05. 19

핼리 혜성의 꼬리 통과

Halley's Comet

1910년 오늘, 지구가 핼리 혜성의 꼬리를 통과했습니다. 그런데 앞선 신문 기사 하나가 사람들에게 공포를 불러일으켰어요. 혜성의 꼬리에 치명적 유독가스가 다량 포함되어 있어 지구의 생명을 절멸시킬 수도 있다는 내용이었지요. 방독면이 불티나게 팔렸고, 혜성의 꼬리에 휘말려도 먹으면 살아남을 수 있다는 약도 나왔습니다.

1910년 촬영한 핼리 혜성. '지구의 종말이 다가오고 있다'라는 신문 기사의 제목과 핼리 박사의 혜성 열병 약은 당시의 공포를 잘 보여준다.

08. 13

맨해튼 프로젝트

The Manhattan Project

1942년 오늘, 제2차 세계대전 중 미국이 극비리에 추진한 원자폭탄 제조 프로젝트인 '맨해튼 프로젝트'가 시작되었습니다. 미국의 이론물리학자 로버트 오펜하이머의 주도로 전 세계의 과학자들이 원자폭탄을 설계하기 위해 모였고, 2년 만에 완성하여 실험에 성공했습니다. 그리고 1945년 8월 6일과 9일, 일본에 실제로 원자폭탄을 투하했죠.

맨해튼 프로젝트가 진행되었던 뉴멕시코주 로스앨러모스 연구소의 출입구.

05. 20

우주배경복사

Cosmic Microwave Background

빅뱅, 즉 최초의 대폭발 직후의 우주는 온도와 밀도가 너무 높아 빛 입자가 자유롭게 움직일 수 없었습니다. 그로부터 38만 년쯤 지나 우주가 냉각되면서 빛이 퍼져나가기 시작했고, 우주배경복사는 바로 이때 빠져나온 잔열의 흔적입니다. 우주 전역에서 균일한 온도로 측정되는 우주배경복사는, 우주가 과거 한 점에서 시작되었다는 빅 뱅이론의 확실한 단서입니다.

유럽우주국이 2013년 플랑크 위성으로 관측한 우주배경복사 이미지. 빨간색과 파란색 은 10만 분의 1 수준의 극히 미세한 온도 차이를 의미한다.

08. 12

에르빈 슈뢰딩거

Erwin Schrödinger(1887~1961)

오스트리아의 이론물리학자로, 양자역학의 기본 방정식이라 할 수 있는 '슈뢰딩거의 방정식'을 발표하여 노벨 물리학상을 받았습니다. 고전역학에서 어떤 물체의 위치를 아는 게 기본이듯이, 양자역학에서는 원자 속 전자 같은 아주 작은 물질의 위치를 알아야 합니다. 그 물질이 존재할 수 있는 위치는 시간에 따라 변화하는데, 그건 물질이 가진 파동의 성격 때문입니다. 이처럼 양자역학에서 물질을 파동으로 이해하고 그 상태를 파악하는 방법을 규명했습니다.

05. 21

생물 분류 체계

Biological Classification System

생물을 분류하는 기본 단위는 '종'입니다. 그리고
비슷한 특징을 가진 생물들을 다시 '속', '과',
'목', '강', '문', '계', '역'으로 점차 큰
단위로 포함해 분류하고, 필요에 따라
각 단계 사이를 더 작게 나누기도 하지요.
생물학 연구의 발전과 새로운 발견으로
생물 분류의 세부적인 사항들은
계속 수정되어 왔습니다.

08. 11

어윈 샤가프

Erwin Chargaff(1905~2002)

미국의 생화학자로, DNA의 구조를 밝히는 데 결정적인 역할을 한 샤가프의 규칙을 발표했습니다. DNA를 이루는 4가지 염기 중 구아닌과 시토신의 수가 같고 아데닌과 티민의 수가 같다는 것을 알아냈지요. 이 사실을 기반으로 DNA의 이중 나선 구조가 밝혀지면서 유전학은 큰 발전을 이뤘습니다.

05. 22

이명법

Binomial Nomenclature

칼 폰 린네는 효율적인 생물학 연구를 위해서는 전 세계의 모든 과학자가 같은 방식으로 생물에 이름을 붙여야 한다고 생각했습니다. 이에 따라 린네는 생물의 '속'명과 '종'명을 나란히 기재하는 이명법을 고안했고, 오늘날 전 세계 생물학자들은 이 방식을 따르고 있습니다.

속명은 대문자로,

종명은 소문자로!

Homo sapiens

08. 10

아스피린

Aspirin

1897년 오늘, 독일의 펠릭스 호프만이 식물에서 추출한 진통 성분 '살리실산'을 개량하여 효과는 그대로 유지되고 부작용이 적은 '아세틸 살리실산'을 만들었습니다. 제약회사는 이를 '아스피린'이라는 이름으로 판매해 엄청난 성공을 거두었습니다.

1899년에 판매한 아스피린으로, 초기에는 분말 형태로 출시되었다.

05. 23

칼 폰 린네

Carl von Linné(1707~1778)

스웨덴의 박물학자 칼 폰 린네는 다종다양한 생물을 세분화하여
분류 체계를 정리하고, 생물을 속명과 종명으로 표시하는 이명법을
확립했습니다. 생물 분류의 초석을 닦은 그의 문헌 《자연의 체계》
는 6,000여 종의 식물과 4,000여 종의 동물을 망라했습니다.

현대 생물학의 튼튼한 초석을 놓았지.

08. 09

아메데오 아보가드로

Amedeo Avogadro(1776~1856)

이탈리아의 화학자로, 기체의 성질을 나타내는 최소 입자 단위인 '분자' 개념을 처음 제시했습니다. 또한 모든 기체는 같은 온도와 압력이라면 같은 부피에 같은 수의 분자를 포함한다는 법칙을 세웠습니다.

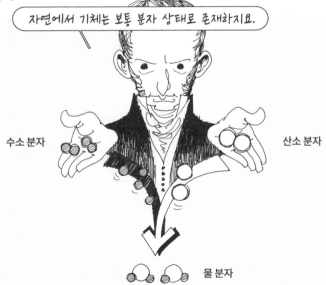

자연에서 기체는 보통 분자 상태로 존재하지요.

수소 분자

산소 분자

물 분자

05. 24

모스 부호, 첫 전신 송신

The First Telegraph Message by Morse Code

모스 부호는 새뮤얼 모스가 짧은 발신 전류(·)와 긴 발신 전류(–)를 조합해 만든 전신 기호로, 전신기를 통해 간단한 메시지를 전송할 수 있어서 오늘날에도 비상 통신 수단으로 사용되곤 합니다. 1844년 오늘은 모스가 전선을 설치해 처음으로 모스 부호로 송신한 날입니다.

│ 새뮤얼 모스가 개발한 전신 장치(왼쪽)와 훗날 개선된 모스 부호 송신기(오른쪽).

08. 08

윌리엄 베이트슨

William Bateson(1861~1926)

유전학의 초석을 다진 위대한 발견, '멘델의 유전법칙'은 발표된 후 30년이 넘도록 주목받지 못했습니다. 아마 멘델이 과학계 인물이 아닌 성직자였기 때문이었을 겁니다. 그러나 1900년 생물학자인 윌리엄 베이트슨이 관련 논문을 읽은 후 열렬한 '멘델주의자'가 되면서 멘델의 법칙이 널리 알려지기 시작했습니다.

05. 25

ABO식 혈액형

ABO Blood Group System

인간의 혈액을 분류하는 방식은 수백 가지가 있지만, 그중에서도 A, B, AB, O 네 가지로 나누는 ABO식 혈액형은 수혈을 할 때 가장 중요한 구분법입니다. 적혈구 표면에 존재하는 항원과 항체에 따라, 피를 섞거나 장기를 이식할 때 심각한 부작용을 일으키는 경우가 있기 때문이지요. 1901년 오스트리아의 카를 란트슈타이너가 발견한 구분법입니다.

08. 07

아보가드로의 법칙

Avogadro's Law

기체의 종류가 다를지라도 온도와 압력이 같다면, 같은 부피 안에 들어 있는 입자의 수는 같다.

1811년 아보가드로가 발표한 기체 성질에 대한 법칙입니다. 화학반응에서 분자량과 원자량을 계산하는 데 중요하게 활용됩니다.

이보다 더 명쾌한 법칙이 또 어디 있겠습니까?

05. 26

하인리히 가이슬러

Johann Heinrich Wilhelm Geißler (1814~1879)

독일의 기계 기술자로, 물리학자인 율리우스 플뤼커의 의뢰를 받고 최초의 진공방전관인 가이슬러관을 만들었습니다. 밀폐된 유리관 양쪽에 전압을 걸면 음극에서 양극으로 직진하는 빛이 발생하는데, 19세기 과학자들은 이 진공방전관 실험을 통해 'X선'부터 '전자'까지 다양한 과학적 발견을 할 수 있었습니다.

유리관 속을 대기압의 1,000분의 1에 가까운 진공 상태로 만들었지.

음극에서 직진하는 빛을 '음극선'이라고 부르더라고.

Johann Heinrich Wilhelm Geißler

Julius Plücker

08. 06

히로시마 원자폭탄 투하

Atomic Bombings of Hiroshima

1945년 오늘, 미국이 일본 히로시마에 원자폭탄을 투하했습니다. 6만여 명이 즉사하고, 폭탄 투하 지점에서 반경 1.6km 이내에 풀 한 포기 남지 않았습니다. 3일 후인 9일에는 나가사키에 두 번째 원자폭탄이 떨어졌고, 엄청난 민간인 피해를 불러왔습니다. 무력충돌에서 핵무기가 사용된 유일한 사례입니다.

2만 피트 상공까지 솟구친 히로시마 원자폭탄의 버섯 구름(왼쪽)과 초토화된 도시(오른쪽).

05. 27

레이첼 카슨

Rachel Louise Carson(1907~1964)

해양생물학자이자 환경운동가인 카슨은 《타임》지가 뽑은 20세기를 변화시킨 100인 중 한 사람입니다. 그는 저작 《침묵의 봄》을 통해 과학기술이 초래한 환경오염을 대중에 처음 알렸지요. 언론과 화학업계의 방해에도 카슨은 환경문제에 대한 대중의 인식을 높이고 정부의 환경 정책을 변화시켰습니다.

자연에서는 그 무엇도 홀로 존재하지 않습니다.

Rachel Louise Carson

08. 05

태양 흑점

Sunspot

태양의 표층은 표면과 대기(다시 하층의 '채층'과 상층의 '코로나'로 나뉜다)로 이루어져 있는데, 가스로 이루어진 항성임에도 더 이상 안이 보이지 않는 표면을 '광구'라고 합니다. 이 광구 표면에서 검은 점처럼 보이는 부분이 바로 흑점입니다. 강력한 자기장으로 대류에 의한 열 전달이 이루어지지 않아, 주변보다 상대적으로 온도가 낮아 어둡게 보이는 영역이지요.

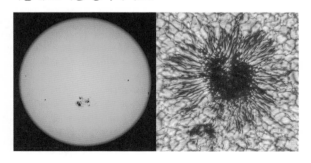

2014년 10월 18일에 관측된 지구의 14배에 달하는 초대형 태양 흑점.

05. 28

인류의 화성 탐사

Exploration of Mars

1971년 오늘, 소련의 화성 탐사선 마스 3호가 처음으로 화성 착륙에 성공했습니다. 화성의 하루는 24시간 37분이고, 자전축은 25°(지구는 23.5°) 기울어져 있으며, 사계절이 있는 등 지구와 아주 비슷합니다. 과거에는 물도 존재해 생명체가 있었을 가능성도 크지요. 그래서 화성 탐사는 인류의 미래를 준비하는 과정이기도 합니다.

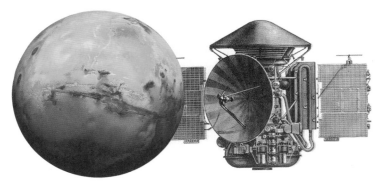

| 화성으로 향한 소련의 마스 3호 궤도선.

08. 04

화성 탐사선 발사

Phoenix

2007년 오늘, 미국의 화성 탐사선 피닉스호가 발사되었습니다. 피닉스호는 9개월 뒤인 2008년 5월 25일 화성의 북극에 착륙했고, 로봇 팔을 이용해 토양을 조사했습니다. 화성에서 생명체가 살 수 있는지 알아내고자 물의 흔적을 찾기 위해서였고, NASA는 7월 31일 실제로 그 흔적을 발견했다고 발표했습니다.

화성에 착륙하는 피닉스호의 상상도.

05. 29

일반상대성이론의 검증

Experimental Evidence for General Relativity

1919년 오늘, 아서 에딩턴이 아인슈타인의 일반상대성이론을 증명 했습니다. 에딩턴은 개기일식을 촬영함으로써 별빛이 태양의 중력 장에 의해 굴절되면서 태양 주변의 별들이 이동한 듯 보일 것이라 는 사실, 즉 '중력이 빛을 휘게 한다'라는 아인슈타인의 가설을 확 인했습니다.

내 이론은 이 과학자가 증명해 줬어!

아인슈타인의 가설이 검증된 후 쏟아진 전 세계 신문의 특집 기사.

08. 03

엘리샤 오티스

Elisha Graves Otis(1811~1861)

현대식 엘리베이터를 발명한 오티스는 1851년에 안전 장치가 달린 엘리베이터를 발명해 1854년 뉴욕의 박람회장에서 이를 처음 대중에게 공개했습니다. 그는 시연 도중 올라가던 엘리베이터의 줄을 끊어버렸는데, 엘리베이터는 추락하지 않고 안전하게 멈춰 섰습니다.

오티스가 1854년
안전 장치가 달린 엘리베이터를
시연하고 있는 모습.

05. 30

크립톤

Krypton

1898년 오늘, 영국의 화학자 윌리엄 램지와 그의 조수 모리스 트래버스가 원자번호 36번 크립톤을 발견했습니다. 이 둘은 앞서 발견된 18족 비활성기체 헬륨과 아르곤에 이어 '36번'을 비롯한 다른 비활성기체 원소들의 존재를 예측했지요. 그 결과 찾아낸 크립톤은 그리스어로 '숨겨진 것'을 뜻하는 'kryptos'에서 이름을 따왔습니다.

헬륨을 마시면 목소리가 높아지는데,
나를 마시면 목소리가 낮아진답니다.

William Ramsay

08. 02

'공룡' 이름의 탄생

Who Named the Dinosaurs?

1841년 오늘, 영국의 고생물학자 리처드 오언이 'Dinosauria(공룡)'이라는 이름을 처음 제안했습니다. 그는 중생대의 거대한 파충류 화석을 연구하던 중 도마뱀에도 악어에도 속하지 않는 거대한 고대 육상 파충류의 공통된 특징을 발견했지요. Dinosauria(공룡)는 그리스어로 'Deinos(끔찍한)'와 'Sauros(파충류)'를 합친 말입니다.

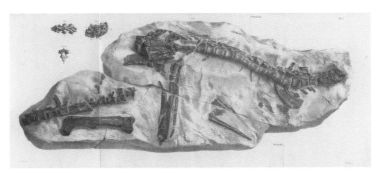

리처드 오언이 1849년 출간한 《영국 파충류 화석의 역사》에 실린 '이구아노돈'의 화석 일러스트레이션.

05. 31

최초의 전기기관차

The First Electric Locomotive

1879년 오늘, 베를린무역박람회에 세계 최초로 전기기관차가 등장했습니다. 이 소형 전차에 달린 3마력 정도의 모터는 최대 시속 7km로 소형차 3대를 끌고 갈 수 있을 만한 동력이었습니다. 같은 해 9월 30일까지 8만 6,398명의 승객을 태웠는데, 기관사는 모터 위의 나무 덮개에 앉아서 운전해야 했습니다.

08. 01

산소

Oxygen

생명 유지에 필수적인 산소는 1774년 오늘, 영국의 화학자 조지프 프리스틀리가 발견했습니다. 수은을 가열해 만든 붉은색의 산화수은을 용기에 넣고, 커다란 렌즈로 햇빛을 모아 열을 가하자 색깔 없는 기체가 발생했죠.

6월

"자연에서 인간은 가장 약한 갈대에 불과하다.
그러나 인간은 생각하는 갈대다."

— 블레즈 파스칼

8월

"자연은 모든 종류의 물질 합성과
분해가 이루어지는 거대한 화학 실험실이다."

— 앙투안 라부아지에

06. 01

빛 공해

Light Pollution

빛 공해란 인공적으로 만든 빛이 일으키는 부작용을 뜻하는데, 인공 빛으로 인해 밝아진 밤은 사람과 동식물, 나아가 생태계 전반에 부정적인 영향을 끼칩니다. 세계 여러 나라에서 빛 공해를 법으로 관리하고 있으며, 우리나라도 2023년부터 빛 공해 방지법을 시행하고 있습니다.

07. 31

월면차

Lunar Roving Vehicle

1971~1972년 아폴로 15~17호의 달 탐사 때 사용한 달 표면을 주행할 수 있는 사륜차로, 최초의 유인 달 탐사 차량입니다. 약 210kg의 무게에, 배터리를 동력으로 하는 전기자동차였지요. 시속 9.7km를 달릴 수 있는. 월면차로 우주 비행사들은 움직이며 소비하는 에너지와 산소를 아낄 수 있었고, 더 멀리 이동해 더 많은 표본을 운반할 수 있었습니다.

아폴로 15호 달 탐사 때 사용한 월면차.

06. 02

마그마

Magma

지구 내부에서 암석이 녹아 만들어진 액체 상태의 물질입니다. 압력이 높아지면 지각의 약한 틈을 타고 지표로 분출되어 화산 활동을 일으키지요. 기체 성분이 빠져나가고 지표면을 흐르는 것을 용암, 마그마가 굳어 만들어진 암석을 화성암이라고 합니다.

07. 30

블라디미르 즈보리킨

Vladimir Kosma Zworykin(1889~1982)

러시아혁명 후 미국에 귀화한 전자공학자로, 텔레비전 기술의 개척자로 평가받습니다. 그는 전기 회사에서 일하면서 브라운관을 개조해 텔레비전에 쓰이는 송신용 진공관을 개발했습니다. 이후 기술을 점차 발전시켜 1929년에 라디오 기사 컨벤션에서 전자식 텔레비전을 공개했습니다.

Vladimir Kosma Zworykin

06. 03

제임스 허턴

James Hutton(1726~1797)

영국의 지질학자인 허턴은 지각 밑에 있는 마그마의 운동으로 암석이 만들어진다는 화성론을 처음으로 주장했습니다. 그리고 지금 자연계에서 일어나는 일을 통해 과거의 일을 설명할 수 있다는 동일과정설을 주장했지요. 이 두 주장은 오늘날 당연한 이야기로 들리지만 당시로서는 참신한 의견이었습니다.

07. 29

미국 항공우주국 창립

Establishment of NASA

1958년 오늘, NASA가 창립되었습니다. 1957년 소련이 인류 최초로 인공위성 스푸트니크 1호를 발사하자, 미국은 서둘러 이 기구를 설립했지요. NASA는 우주선 제작 및 발사, 우주선이 보내온 데이터 분석, 우주 비행사 육성, 우주 관측 등의 임무를 맡고 있습니다.

06. 04

최초의 열기구 공개 실험

First Public Demonstration of a Montgolfier Balloon

1783년 오늘, 프랑스의 몽골피에 형제가 사람들 앞에서 자신들이 만든 열기구를 하늘에 띄우는 데 성공했습니다. 같은 해 11월에는 열기구에 두 명의 승객을 태워 비행에 성공합니다. 불가능으로 여겼던 '인류의 하늘을 나는 꿈'을 처음으로 실현한 사건이었습니다.

1783년 몽골피에 형제가 만든 열기구의 기술적 설명서(1786년 발행)에 포함된 그림.

07. 28

최초의 개기일식 사진

The First Photo of a Total Solar Eclipse

1851년 오늘, 프로이센 왕립 천문대가 고용한 러시아 사진사 요한 베르코프스키가 다게레오타입 카메라로 개기일식을 촬영했습니다. 이 사진에는 개기일식 때 관찰할 수 있는 태양의 상층 대기, 코로나가 역사상 처음으로 또렷하게 담겼습니다.

06. 05

세계 환경의 날

World Environment Day

매년 6월 5일은 1972년 스웨덴 스톡홀름에서 열린 UN 인간환경회의에서 제정한 세계 환경의 날입니다. 1987년부터 매년 이날을 맞아 그해의 주제를 선정·발표하고, 대륙별로 돌아가며 한 나라를 정해 행사를 개최하고 있습니다.

2000년대 들어 많은 세계 시민이 각국 정부와 세계 기구에 급격한 기후 변화에 대한 대책과 방안을 요구하고 있다.

07. 27

지구열대화

Global Boiling

2023년 오늘, UN 사무총장이 "지구온난화 시대가 끝나고 지구가 들끓는 시대가 시작"되었다고 선언하며, 지구 온도 상승폭을 줄이기 위한 즉각적인 행동을 촉구했습니다. 기온의 급격한 상승과 극단적인 이상 기후, 그로 인한 대형 재해는 지구열대화가 시작되었다는 증거입니다.

06. 06

최초의 세탁 세제

The First Self-Acting Detergent

독일에서 최초의 세탁 세제 퍼실이 출시되면서 사람들은 힘든 손빨래에서 해방되었습니다. 화학자들이 규산나트륨과 과붕산나트륨을 혼합해 개발한 이 세제로 빨래를 하면 작은 산소 방울들이 방출되며 옷이 하얘졌습니다.

1907년 최초 출시된 퍼실 세제(오른쪽)와 광고.

07. 26

월석 공개

Lunar Rock

1969년 오늘은 아폴로 11호의 승무원들이 달에서 채집한 돌과 흙을 과학자들에게 공개했습니다. 월석은 넓게는 달의 암석을 뜻하지만, 좁게는 달 탐사를 통해 직접 달에서 지구로 가져온 암석만을 가리킵니다. 반면, 자연적인 현상에 의해 달 표면에서 떨어져 나와 지구에 떨어진 달의 암석은 '달 운석'이라고 합니다.

06. 07

전자현미경

Electron Microscope

전자현미경은 전자 빔을 이용하는 현미경으로, 빛을 이용하는 광학
현미경으로 볼 수 없는 바이러스 같은 미생물까지도 관찰할 수 있
습니다. 머리카락 굵기의 1만분의 1까지 작은 물체도 볼 수 있지요.
20세기에 발명된 전자현미경은 반도체, 의학, 재료과학 등 다양한
과학 분야에서 활용되고 있습니다.

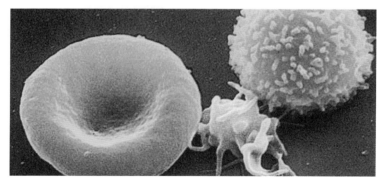

주사전자현미경으로 관찰한 적혈구, 혈소판, 백혈구.

07. 25

니트로글리세린

Nitroglycerin

무색의 기름 같은 액체로, 이 탈리아 화학자 아스카니오 소브레로가 1846년경 글리세린에 질산을 작용시켜 얻었습니다. 하지만 구조가 불안정하고 민감해서 작은 충격에도 폭발할 수 있어 실제로는 쓰이지 않았지요. 나중에 노벨이 구조를 안정화시켜 다이너마이트에 사용했습니다. 심장 질환자를 위한 혈관 확장제로도 사용됩니다.

알프레드 노벨의
다이너마이트 특허장.

06. 08

프랜시스 크릭

Francis Crick(1916~2004)

프랜시스 크릭은 미국의 분자생물학자로, 1953년 제임스 왓슨과 함께 DNA가 이중 나선 구조라는 점을 밝혔습니다. 유전정보를 담고 있는 DNA의 비밀이 풀리면서 희귀 질환 치료부터 생명 복제에 이르기까지, 생명과학 분야의 혁명적인 발전이 이어졌습니다.

07. 24

아폴로 11호 승무원의 귀환

Apollo 11 Returns to Earth

1969년 오늘, 아폴로 11호 승무원들이 지구로 귀환했습니다. 아폴로 11호는 7월 16일 발사되어, 20일 닐 암스트롱을 비롯한 우주인 3명이 인류 최초로 달에 발을 내디뎠습니다. 21일 달 궤도를 출발해 24일 대기권 재진입에 성공했고, 태평양에 무사히 안착했습니다.

바이러스 감염 우려로 격리 시설 안에서 리처드 닉슨 미국 대통령을 만난 아폴로 11호 승무원들과 사령선 컬럼비아호(오른쪽).

06. 09

조지 스티븐슨

George Stephenson(1781~1848)

조지 스티븐슨은 1814년 실용적인 증기기관차 '블뤼허'를 제작하고, 1823년에는 세계 최초의 기관차 공장을 세웠습니다. 1825년부터 그의 공장에서 생산된 증기기관차들이 철로 위를 달리기 시작하며, 본격적인 철도 수송의 시대가 열렸습니다.

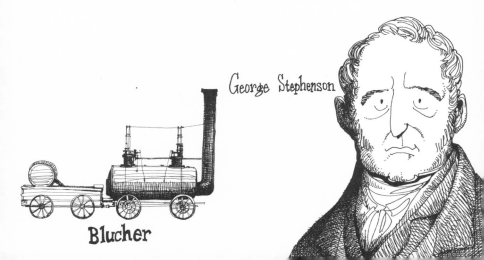

George Stephenson

Blucher

07. 23

베라 루빈

Vera Florence Cooper Rubin(1928~2016)

미국의 천문학자로, 은하 회전 연구를 통해 암흑물질 이론의 바탕을 다졌습니다. 은하 중심부일수록 많은 별이 모여 있어 회전 속도가 빠를 것이라 예측되어 왔지만, 은하 바깥쪽에서도 그 속도가 일정하거나 빠르기도 하다는 것을 발견했지요. 이는 우주의 상당 부분을 채우고 있을 암흑물질 존재의 증거였습니다. 그녀는 여성 최초로 팔로마 관측소에 들어갔으며, 여성 과학자의 처우 개선을 위해 노력했습니다.

관측소는 오랫동안 여성의 출입을 금지해 왔죠.

Vera Florence Cooper Rubin

06. 10

유진 뉴먼 파커

Eugene Newman Parker(1927~2022)

미국의 천체물리학자로, 1958년 태양에서 전하를 띤 입자들이 지속해서 방출된다는 가설을 세우며, 이에 '태양풍'이라는 이름을 붙였습니다. 태양풍에 포함된 이온들이 지구에 도달해 극지방 상층 대기와 만나면 오로라가 발생하지요. 미국 항공우주국(NASA)은 태양을 연구해 온 그의 업적을 기려, 2018년 8월 발사한 태양 탐사선에 그의 이름을 붙였습니다.

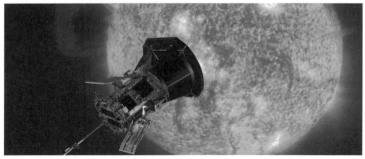

| NASA가 2018년 8월 12일 발사한 파커 태양 탐사선.

07. 22

첫 단독 세계 일주 비행

The First Solo Flight around the World

1933년 오늘, 미국의 비행사 와일리 포스트가 첫 단독 세계 일주 비행에 성공했습니다. 2년 전 이미 동료 비행사와 함께 세계 일주 비행에 도전해 8일 15시간 51분 만에 성공한 바 있지만, 이번에는 혼자 7일 18시간 49분의 기록을 세웠습니다. 1935년에는 압력복을 입고 성층권을 통과하는 고고도 비행에도 성공했습니다.

06. 11

이산화탄소

Carbon Dioxide

1754년 오늘, 조지프 블랙이 이산화탄소를 발견했습니다. 석회석 (탄산칼슘)이 열이나 산과 반응하면, 물질의 무게가 가벼워지고 그 무 게만큼 빠져나가는 기체가 있었지요. 바로 이산화탄소였습니다. 비 로소 과학자들은 공기가 여러 물질의 혼합물이라는 사실을 깨달았 습니다.

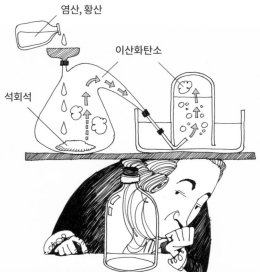

염산, 황산

이산화탄소

석회석

07. 21

원숭이 재판

Monkey Trial

1925년 오늘 미국 테네시주에서 '원숭이 재판'이라 불린 스콥스 재판이 열렸습니다. 학생들에게 진화론을 가르치지 못하게 하는 주법에 불복종해 과학 교사 존 스콥스가 진화론 수업을 했던 것입니다. 스콥스는 법을 어긴 죄로 100달러의 벌금형을 받았지만, 이 재판은 향후 과학 교육이 변화하는 데 영향을 미쳤습니다.

존 스콥스(오른쪽)와 재판 관련 기사와 증언을 위해 모인 과학자들의 사진을 실은 신문 기사(왼쪽).

06. 12

탄소화합물

Carbon Compounds

탄소 원자가 수소, 질소 등 다른 원자와 결합하여 형성된 화합물을 말합니다. 탄소 원자 1개는 최대 4개의 다른 원자와 결합할 수 있으며, 탄소끼리는 이중 혹은 그 이상의 결합도 가능합니다. 이론적으로 결합 가능한 탄소화합물 종류만 1,000만 종이 넘는다고 해요.

결합 방식이 무궁무진하답니다.

07. 20

그레고어 멘델

Gregor Mendel(1822~1884)

오스트리아의 성직자 멘델은 훗날 '멘델의 유전 법칙'으로 알려질 위대한 발견을 위해, 1856년 수도원에 딸려 있는 식물원에서 완두를 키우며 교배 실험을 시작했습니다. 사람들은 자식이 부모를 닮는다는 건 알았지만, 19세기에 이르기까지 그 과정에 어떤 메커니즘이 있는지 전혀 알지 못했지요. 멘델은 그런 물음을 집요하게 탐구한 끝에 유전학의 디딤돌을 놓았습니다.

완두를 2만 8,000포기나 키운 결과였죠.

06. 13

토머스 영

Thomas Young(1773~1829)

영국의 물리학자이자 생리학자이며, 고고학자이자 언어학자였던 토머스 영은 박학다식한 천재였습니다. 그는 빛이 입자인지 파동인지 갑론을박했던 시절, 이중슬릿 실험을 통해 빛이 가진 파동의 성질을 증명했습니다.

파동끼리 교차하는 지점에서 간섭 현상이 일어나지요.

07. 19

퍼시 스펜서

Percy Spencer(1894~1970)

미국의 물리학자로, 전자레인지를 개발했습니다. 마이크로파를 발생시키는 특수한 진공관인 마그네트론 옆에서 초코바가 녹는 것을 보고 팝콘과 달걀로 실험한 결과, 마이크로파를 이용해 음식을 조리할 수 있다는 사실을 알게 되었지요. 전자레인지는 고주파 전기장 안에서 분자가 심하게 진동하며 내는 열로 음식을 데우는 것으로, 1947년에 상품화되었습니다.

최초의 전자레인지는 무려 1.8m에 340kg 이었죠.

Percy Spencer

06. 14

이중슬릿 실험

Double-slit experiment

토머스 영은 빛에서도 파동의 성질인 간섭 현상이 나타난다는 걸 증명하기 위해 두 개의 슬릿(작은 구멍)을 통과한 빛의 무늬를 관찰했습니다. 실험 결과 간섭이 확인되었고, 빛과 전자 연구가 양자물리학으로 나아가는 데 중요한 선례가 되었습니다.

07. 18

로버트 훅

Robert Hooke(1635~1703)

화학자이자 물리학자, 천문학자… 수많은 수식어로도 설명이 부족한 로버트 훅은 영국의 레오나르도 다빈치라고 불릴 정도로 다재다능했습니다. 당시 최고 성능의 복합현미경을 손수 제작해 세포벽을 관찰했으며, 세포를 뜻하는 'cell'이라는 용어를 처음으로 사용했습니다. 탄성에 대한 물리 법칙을 발견하고, 화석에 대한 통찰력 있는 견해를 제시하는가 하면, 런던 대지진 재건 작업에 참여하기도 했지요.

관찰은 뭐 말할 것도 없고,
훌륭한 그림 실력까지 겸비했지.

06. 15

연날리기 실험

The Kite Experiment

벤저민 프랭클린은 번개가 전기와 같은 현상이라는 가설을 세우고 번개가 내려치던 1752년 오늘 금속으로 된 열쇠를 매단 연을 날렸습니다. 번개가 전기라면 열쇠에 부딪히는 순간 빛을 낼 것이라고 여겼기 때문입니다. 실험은 대성공이었고, 피뢰침의 발명으로까지 이어졌습니다.

leyden jar

earth

07. 17

조르주 르메트르

Georges Lemaître(1894~1966)

벨기에의 천문학자 르메트르는 우주가 '원시 원자'라고 불리는 초기 지점에서 팽창했다고 주장하며, 1927년 자신만의 우주 기원 가설을 세웠습니다. 허블의 빅뱅이론보다 2년이나 앞선 주장이었지요. 르메트르가 발표한 이론은 아인슈타인의 일반상대성이론에 의거한 것이었으나, 정작 당시 아인슈타인은 우주가 팽창한다는 사실을 받아들이지 않았습니다.

허블의 법칙이 허블-르메트르 법칙으로
바뀐 거 알고 계세요?

06. 16

최초의 여성 우주 비행사

The Fisrt Woman in Space

1963년 오늘, 소련의 보스토크 6호가 성공적으로 우주에 진입했습니다. 조종사는 1년 전까지만 해도 방직 공장에서 일하는 평범한 노동자였던 26세 여성 발렌티나 테레시코바였지요. 그런 그녀가 세계 최초의 여성 우주 비행사가 된 것입니다. 보스토크 6호는 지구를 48바퀴 돌고 무사히 귀환했습니다.

죽기 전에 화성도 가보고 싶어요.
돌아오지 못해도 상관없어요.

07. 16

최초의 핵실험 '트리니티'

The First Nuclear Test, 'Trinity'

1945년 오늘, 오전 5시 29분 미국 뉴멕시코주에서 최초의 원자폭탄 실험이 이루어졌습니다. 실제 원자폭탄을 사용하기 전 검증을 위한 실험으로, 나가사키에 투하된 플루토늄 폭탄 팻맨과 같은 종류의 폭탄을 사용했습니다.

1945년 7월 16일 폭발 후 0.025초 후 촬영된 플라스마 돔(왼쪽)과 실험이 이루어진 자리에 세워진 기념비(오른쪽).

06. 17

윌리엄 크룩스

William Crookes(1832~1919)

영국의 화학자이자 물리학자인 크룩스는 1870년대 초 진공방전관인 가이슬러관를 한층 더 개선시킨 크룩스관을 만들었습니다. 이 크룩스관을 통해 많은 과학자들이 음극선의 특성을 발견했으며, 1897년 조지프 존 톰슨은 그 음극선이 음전하를 띤 입자, 즉 '전자'임을 밝혔습니다. 뢴트겐은 1895년에 크룩스관으로 X선을 발견했지요.

19세기 말에 크룩스관 안 만져본 과학자는 없을걸요?

음극
Cathode
⊖

양극
Anode
⊕

07. 15

조슬린 벨 버넬

Jocelyn Bell Burnell(1943~)

영국의 천체물리학자로, 1967년에 1.337초마다 전파 신호를 보내는 천체를 관측하고 이를 외계 지성체가 보내는 메시지라 생각했습니다. 이후에도 비슷한 천체를 더 발견했는데, 그 정체는 바로 강한 전자기파를 주기적으로 방사하는 중성자별, 즉 '펄서'였습니다. 우주에서 가장 밀도가 높은 천체 중 하나인 중성자별은 양자역학과 상대론을 연구할 수 있는 우주 실험실로 주목받고 있습니다.

Jocelyn Bell Burnell

펄서는 블랙홀 다음으로 밀도가 크답니다.

06. 18

플라스마

Plasma

기체 상태의 물질을 초고온으로 가열하면, 원자에서 전자가 튀어나오면서 전기를 띠는 입자로 분리되는 플라스마 상태가 됩니다. 한마디로 '전기가 통하는 기체'라고 할 수 있지요. 지구에서는 흔하지 않지만, 우주에서는 별 내부부터 별을 둘러싼 공간까지, 거의 모든 물질이 이 플라스마 상태로 존재합니다.

번개와 오로라도 플라스마 현상이에요.

07. 14

다이너마이트 첫 시연

The First Demonstration of Dynamite

1867년 오늘, 영국 서리주 머스텀 채석장에서 스웨덴의 화학자 알프레드 노벨이 발명한 다이너마이트를 처음으로 시연했습니다. 각국에서 잇달아 특허를 얻은 다이너마이트는, 기존의 폭약보다 훨씬 더 강력하고 안전하다는 사실이 확인되면서 채굴이나 건설 현장에서 널리 사용되기 시작했습니다.

1906년 다이너마이트
신문 광고.

06. 19

블레즈 파스칼

Blaise Pascal(1623~1662)

파스칼은 "인간은 생각하는 갈대"라는 말로 유명한 프랑스의 철학자이자 수학자이며 물리학자입니다. 13세 때 '파스칼의 삼각형'을 발견했고, 16세 때 '파스칼의 정리'를 증명했으며, 19세 때 세계 최초의 계산기를 발명했습니다. 25세 때에는 높은 산에 올라 기압을 재는 실험을 한 후 유체의 압력과 부피에 관한 '파스칼의 원리'을 완성했습니다.

07. 13

에르뇌 루비크

Ernö Rubik(1944~)

헝가리의 수학자로, 1974년 루빅큐브를 개발했습니다. 큐브는 원래 대학에서 디자인과 건축을 가르치던 루빅이 3차원 공간을 설명하기 위해 고안한 교구였는데, 사람들이 폭발적인 관심을 보이자 상품 가치를 인정해 특허를 냈고, 장난감 회사가 대량 생산하기 시작하면서 오늘에 이르렀습니다.

루빅큐브가 만드는 경우의 수는 4,300경에 달한답니다.

Ernö Rubik

06. 20

프레더릭 홉킨스

Frederick Gowland Hopkins(1861~1947)

프레더릭 홉킨스는 단백질, 탄수화물, 지방 같은 기본 영양소만으로는 동물이 성장할 수 없으며, 비타민이 정상적인 대사와 성장에 필수적인 물질이라는 점을 밝혀냈습니다. 이 공로로 그는 1929년 노벨 생리의학상을 받았습니다.

Frederick Gowland Hopkins

생화학 하면 나를 빼놓을 수 없죠.

07. 12

조지 이스트먼

George Eastman(1854~1932)

미국의 발명가이자 기업가입니다. 사진 건판을 개발해 대량 생산을
했고, 1884년에는 롤 필름을, 1888년에는 롤 필름을 내장한 휴대
용 카메라를 고안하여 버튼만 누르면 사진이 찍히는 이른바 '똑딱
이' 카메라 시대를 열었습니다. 같은 해 필름 회사 '코닥'을 세워 사
진의 대중화를 이끌었습니다.

내가 사진의 대중화를 이끌었지요.

George Eastman

06. 21

비타민

Vitamin

비타민은 단백질, 탄수화물, 지방 같은 주영양소나 무기염류는 아니지만, 신체 기능 조절, 성장 등에 필수적인 영양소입니다. 아주 적은 양이면 충분하지만 몸속에서 잘 만들어지지 않기 때문에 반드시 섭취해서 보충해야 합니다. 크게 수용성과 지용성으로 나뉘며 부족하면 결핍 증상이 나타납니다.

1950년대 미국에서 판매했던 판매한 비타민.

07. 11

우주정거장의 귀환

Skylab Returns to Earth

1973년 NASA가 발사한 소형 우주정거장 스카이랩이 6년여 만에 지구에 떨어졌습니다. 1974년 임무를 종료한 스카이랩은 지구 궤도를 돌고 있었는데, 1979년 고도가 크게 떨어지자 추락시킨 것입니다. 것입니다. 스카이랩은 대기권으로 재진입하며 산산조각이 났고, 그 파편들은 오스트레일리아 사막과 산악 지대, 인도양에 떨어졌습니다.

06. 22

명왕성의 위성

Pluto's Moon

1978년 오늘 미국의 천문학자 제임스 크리스티가 명왕성의 위성을 발견했습니다. 자전하는 명왕성이 길쭉해졌다가 정상으로 돌아오기를 되풀이하는 사실을 발견하고 위성의 존재를 알아냈지요. '카론(Charon)'이라 이름 붙은 이 위성은 명왕성의 절반 크기나 될 만큼 큰 천체입니다.

명왕성(오른쪽)과
위성 카론(왼쪽).

07. 10

니콜라 테슬라

Nikola Tesla(1856~1943)

미국의 전기공학자로, 현대 전기 문명을 완성한 천재 과학자로 불리는 인물입니다. 전력의 적은 손실로 대규모 장거리 송전이 가능한 교류(AC) 전기 시스템을 마련했습니다. 교류(DC) 전기 시스템을 만든 에디슨과 산업 주도권 경쟁에서 승리해, 오늘날 전기의 발전·송전에는 모두 교류가 이용되지요.

Nikola Tesla

전기자동차 회사 이름으로 익숙하시죠?

06. 23

지구온난화 증언

"Global Warming Has Begun", Expert Tells Senate

1988년 오늘, 물리학자 제임스 핸슨이 미국 의회에서 온실 효과 때문에 지구가 더워지고 있다고 증언했습니다. 온실 효과란 인간의 활동으로 생성되는 몇몇 기체로 인해 대기가 태양에서 온 열을 흡수해 붙잡아 두는 현상입니다. 다음 날《뉴욕 타임스》1면에는 "지구온난화는 시작됐다"라는 기사가 실렸고, 기후 변화가 처음으로 주목을 받았습니다.

07. 09

존 휠러

John Archibald Wheeler(1911~2008)

상대성이론과 양자역학, 우주론에서 큰 업적을 남긴 미국의 물리학자입니다. 닐스 보어와 함께 핵분열 이론을 정립하고 맨해튼 프로젝트에도 참여했습니다. 1967년, '깜깜한 별' 또는 '얼어붙은 별'로 불리던 천체에 '블랙홀'이란 용어를 처음 사용한 것으로 유명합니다. 그 후 '블랙홀'은 대중적 과학 용어로 자리 잡았습니다.

다들 이제부터 블랙홀이라 부르자고!

John Archibald Wheeler

06. 24

프레드 호일

Fred Hoyle(1915~2001)

프레드 호일은 스티븐 호킹이 등장하기 전까지 영국에서 가장 유명했던 천문학자로, 우주는 시작도 끝도 없이 항상 지금과 같은 모양으로 존재했다는 정상우주론의 대표주자였습니다. 아이러니하게도 호일은 대폭발우주론이 '빅뱅이론'으로 불리는 데 결정적인 역할을 했습니다.

빅뱅이론자들이 풀지 못한 난제였던
중원소 합성 문제를 해결하기도 했지.

07. 08

항성, 행성, 위성

Star, Planet, Satellite

항성은 태양처럼 내부에서 핵융합 반응을 통해 열을 생산해 스스로 빛을 내는 천체입니다. 행성은 질량이 항성 만큼 크지 않아 스스로 빛을 내지는 못하지만, 항성에서 방출되는 빛을 반사하여 빛나며 항성 주위를 공전합니다. 위성은 행성, 소행성, 왜소 행성 등 각종 행성의 주변을 공전하며 질량이 가장 작습니다.

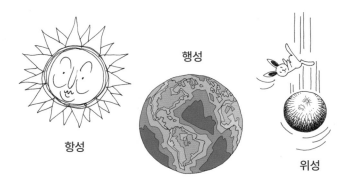

항성

행성

위성

06. 25

석탄으로 만든 석유

Coal to Liquid

석탄과 석유는 주로 탄소와 수소로 이루어져 있는데, 석유는 수소가 13% 이상, 석탄은 5% 이하에 불과합니다. 석탄의 수소 비율을 늘리면 석유와 같이 활용할 수 있게 되는데, 1913년 독일의 화학자 프리드리히 베르기우스가 석탄으로 인공 석유(합성 연료)를 만드는 데 성공했습니다.

기존의 디젤 연료(왼쪽)와
합성 연료(오른쪽).
합성 연료는 불순물이 거의 없기
때문에 매우 투명하다.

07. 07

쥬세페 피아치

Giuseppe Piazzi(1746~1826)

이탈리아의 천문학자인 피아치는 1801년 1월 1일 화성과 목성 사이의 새로운 천체를 발견했습니다. 그것은 소행성 세레스로, 역사상 최초로 발견된 소행성이었지요. 세레스는 2006년 왜소 행성으로 분류되었습니다. 피아치는 1813년, 20년 가까이의 관측 자료를 토대로 7,000개 이상의 항성 목록을 만들기도 했습니다.

Giussepe Piazzi

06. 26

최초의 바코드 스캔

The First Scan of the Barcode

1974년 오늘, 미국 오하이오주의 작은 마을인 트로이의 한 슈퍼마켓에서 최초로 바코드를 스캔해 물건을 계산했습니다. 전날 밤 매장에 있는 수천 개의 물건에 바코드를 붙이고, 컴퓨터와 스캐너도 새로 설치해야 했습니다. 이날 가장 먼저 팔린 상품은 껌이었습니다.

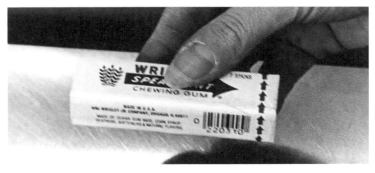

1974년 6월 26일 껌의 바코드를 스캔하는 모습. 바코드의 발명으로 생활의 효율성과 편리성이 매우 높아졌다.

07. 06

광견병 백신 개발

The First Rabies Vaccination in Humans

1885년 오늘은 처음으로 인간에게 광견병 예방 백신을 접종한 날입니다. 이날 루이 파스퇴르는 미친개에게 물린 소년에게 자신이 개발한 백신을 주사했습니다. 1884년부터 파스퇴르는 광견병 바이러스를 토끼의 척수에 반복해 접종함으로써 광견병 바이러스를 약화시켜 백신을 개발했습니다. 소년은 무사히 회복하여 살아남았습니다.

06. 27

히버 커티스

Heber Doust Curtis(1872~1942)

미국의 천문학자 커티스는 우리 은하 바깥에 다른 은하가 존재한다고 주장했습니다. 그와 논쟁을 벌인 할로 섀플리는 우리 은하가 곧 우주 전체이고, 안드로메다 역시 우리 은하의 일부라고 주장했지요. 이후 허블의 연구로 안드로메다가 수백억 개씩 존재하는 외부 은하 중 하나에 불과하다는 사실이 밝혀졌습니다.

나랑 섀플리가 워낙 유명해서 '천문학 대논쟁'이라 불렸지요.

Heber Doust Curtis

07. 05

《프린키피아》 출간

Principia

1687년 오늘, 아이작 뉴턴의 《자연철학의 수학적 원리》, 이른바 《프린키피아》가 출간되었습니다. 라틴어로 쓰인 세 권짜리 이 책은 물체의 힘과 운동에 관한 뉴턴의 연구를 집대성한 것으로, 물체들의 운동 법칙을 기술하는 고전역학의 수학적 이론을 완성했다는 평가를 받습니다.

06. 28

프레온 가스와 오존층

Freon Gas and Ozone Layer

1974년 오늘 미국의 화학자 마리오 몰리나와 프랭크 롤런드가 처음으로 프레온 가스가 성층권의 오존층을 파괴한다는 내용의 논문을 발표했습니다. 11년이 지난 1985년에는 영국의 남극 조사팀이 남극의 오존층 파괴 현상을 처음 발견했고, 그들이 관측한 자료를 통해 프레온 가스가 오존 파괴의 주범임이 입증되었습니다.

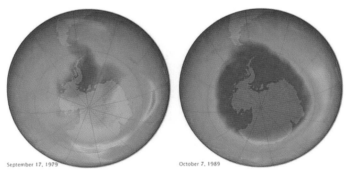

September 17, 1979　　　　October 7, 1989

| 보라색과 푸른색이 오존이 크게 줄어든 영역으로 각각 1979년과 1989년의 상황.

07. 04

헨리에타 스완 레빗

Henrietta Swan Leavitt(1868~1921)

미국의 천문학자로, 마젤란 성운에서 많은 세페이드 변광성을 발견했고 변광성의 변광주기와 밝기 사이에 상관관계가 있음을 밝혔습니다. 변광성은 지구에서 멀리 떨어진 은하들까지의 거리를 측정하는 기준이 되는데, 예를 들어 같은 주기의 두 세페이드 변광성의 밝기가 100배 차이가 난다면 어두운 별은 밝은 별보다 10배 더 먼 거리에 있다는 뜻입니다.

허블이 안드로메다까지 거리를
측정하는 데 큰 도움을 줬지.

06. 29

성운

Nebula

윤곽이 희미한 구름 모양의 대규모 성간물질로, 별들이 무리를 이루고 있는 '성단'과는 다릅니다. 은하계 안팎에 존재하고, 아주 넓은 공간에 흩어져 있어서 거의 텅 빈 것처럼 보입니다.

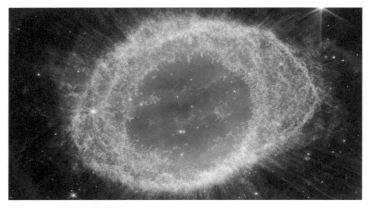

거문고 자리에 있는 '고리 성운'의 모습. 별의 일생 중 마지막 단계에 이른 별의 모습을 보여주는 행성상성운으로, 태양과 질량이 비슷해 태양의 먼 미래를 가늠하게 해준다.

07. 03

세페이드 변광성

Cepheid Variable Star

변광성은 밝기가 변하는 별을 뜻합니다. 밝기가 변화하는 원인에
따라 식변광성, 맥동변광성, 폭발변광성으로 구분합니다. 세페이드
변광성은 맥동변광성으로, 별의 내부가 팽창과 수축을 되풀이하여
밝기가 변합니다. 세페우스자리에서 처음 관측되어 '세페이드'라
불리게 되었습니다.

06. 30

첫 번째 윤초

Leap Second

세슘 원자시계를 이용한 협정 세계시가 국제 표준시로 채택된 이래, 1972년 오늘 처음으로 협정 세계시에 1초가 더해졌습니다. 지구의 자전 속도가 일정하지 않기 때문인데, 지구의 자전이 느려질 경우 표준시에 1초를 추가하고, 빨라지면 1초를 뺍니다. 이렇게 오차를 조정하기 위해 더하고 빼는 1초를 '윤초'라고 합니다.

07. 02

체펠린 비행선

Airship Zeppelin

1900년 오늘, 독일의 페르디난트 폰 체펠린이 제작한 비행선 루프트쉽 체펠린(LZ) 1호가 승무원 4명을 태우고 첫 비행에 나서 300m 고도에서 18분 동안 비행했습니다. LZ 1호는 가벼운 금속인 알루미늄으로 만든 뼈대 위에 삼과 견포로 제작한 외피를 씌우고 수소 가스 주머니 여러 개와 엔진을 선체 안에 설치한 최초의 경식비행선이었습니다.

1900년 독일 보덴 호 위를 날고 있는 체펠린 비행선.

7월

"우리를 동물과 구별하게 하고, 이성과 과학을 부여하며,
우리 자신과 신에 대한 지식으로 이끌게 하는 것은
필연적이고 영원한 진리에 대한 앎이다."

— 고트프리트 라이프니츠

07. 01

고트프리트 라이프니츠

Gottfried Wilhelm Leibniz(1646~1716)

독일의 철학자이자 수학자로, 1675년 미분 공식을 확립해 발표한 이후 뉴턴과 미적분 발명자 자리를 두고 오랫동안 논쟁했습니다. 오늘날 두 사람 모두 발명자로 인정하지만, 실제 쓰이고 있는 미적분의 기호나 이론은 라이프니츠의 체계입니다. 또한 이진법을 고안했고, 이를 토대로 사칙연산이 가능한 기계식 계산기를 발명했습니다.

Gottfried Wilhelm Leibniz